DK 620.172.251.226
669.15-194.56

FORSCHUNGSBERICHTE
DES WIRTSCHAFTS- UND VERKEHRSMINISTERIUMS
NORDRHEIN-WESTFALEN

Herausgegeben von Staatssekretär Prof. Dr. h. c. Dr. E. h. Leo Brandt

Nr. 456

Privatdozent
Direktor Dr.-Ing. Karl Bungardt

Verein Deutscher Eisenhüttenleute, Düsseldorf — Vereinigung
der Großkesselbesitzer e.V., Essen — Arbeitsgemeinschaft Deutscher Turbinenfabriken
im Verein Deutscher Maschinenbauanstalten,
Wasserrohrkesselverband, Düsseldorf

Zeitstandversuche an austenitischen Stählen und Legierungen

Als Manuskript gedruckt

SPRINGER FACHMEDIEN WIESBADEN GMBH

ISBN 978-3-663-04151-1   ISBN 978-3-663-05597-6 (eBook)
DOI 10.1007/978-3-663-05597-6

Forschungsberichte des Wirtschafts- und Verkehrsministeriums Nordrhein-Westfalen

Gliederung

Vorwort .... S. 5

A. Versuchsplanung und Versuchswerkstoffe .... S. 6

B. Zeitstandfestigkeit und Zeitdehngrenzen .... S. 8

    I. Chrom-Nickel-Stähle .... S. 9

        1. Chrom-Nickel-Stähle mit Niob oder Titan ohne weitere Legierungszusätze .... S. 9

        2. Chrom-Molybdän-Nickel-Stähle mit Niob oder Titan .. S. 10

        3. Chrom-Molybdän-Nickel-Stähle mit Stickstoff und Niob S. 12

        4. Chrom-Molybdän-Nickel-Stähle mit Vanadin und Stickstoff .... S. 12

        5. Chrom-Nickel-Stähle mit Bor .... S. 13

        6. Chrom-Nickel-Kobalt-Stähle .... S. 14

    II. Chrom-Mangan-Stähle mit Vanadin oder Stickstoff .... S. 15

    III. Chrom-Nickel-Kobalt-Eisen-Legierungen .... S. 16

    IV. Nickellegierungen .... S. 17

C. Bruchdehnung und Brucheinschnürung beim Zeitstandversuch .. S. 18

    I. Chrom-Nickel-Stähle .... S. 18

    II. Chrom-Mangan-Stähle .... S. 19

    III. Chrom-Nickel-Kobalt-Eisen-Legierungen .... S. 20

    IV. Nickellegierungen .... S. 20

D. Zusammenfassung .... S. 20

E. Literaturverzeichnis .... S. 24

F. Anhang .... S. 26

Forschungsberichte des Wirtschafts- und Verkehrsministeriums Nordrhein-Westfalen

Vorwort

Die Entwicklung auf dem Gebiet der Wärmekraftmaschinen ist gekennzeichnet durch den Bau von Anlagen zunehmender Leistung, verbesserten Wirkungsgrades und damit größerer Wirtschaftlichkeit. Eine Leistungssteigerung der Wärmekraftmaschinen kann bei dem erreichten Stand der Technik in erster Linie durch eine Erhöhung der Arbeitstemperatur erzielt werden, sie ist damit aufs engste verknüpft mit der Entwicklung und Bereitstellung von Werkstoffen, die bei höheren Temperaturen eine vom Gesichtspunkt der Wirtschaftlichkeit und der Betriebssicherheit her gesehene ausreichende Haltbarkeit aufweisen. Geeignete hochwarmfeste Werkstoffe sind daher für die Weiterentwicklung derartiger Kraftmaschinen eine notwendige Voraussetzung und darüber hinaus zur Durchführung von Arbeitsverfahren, beispielsweise in der chemischen Industrie, unentbehrlich.

Die Prüfung solcher hochwarmfesten Stähle und Legierungen muß sich, dem Verhalten der Werkstoffe bei hohen Temperaturen entsprechend, über eine Zeitdauer erstrecken, die ihrer späteren Beanspruchung, also der vorgesehenen Lebensdauer der betrieblichen Anlage, zumindest nahe kommt. Diese Forderung ist maßgebend für Aufwand und Umfang der Untersuchungen, deren bisherige Ergebnisse nachstehend mitgeteilt werden.

Die Kenntnisse der Versuchsergebnisse ist in zweifacher Hinsicht von Bedeutung. Sie vermitteln einmal dem Maschinenbauer Werkstoffkenngrößen, die für die Dimensionierung der Bauteile von Wärmekraftmaschinen und -anlagen notwendig sind und eine Berechnung mit größerer Sicherheit ermöglichen. Andererseits können die Prüfergebnisse dem Werkstofffachmann Richtungen weisen, in denen eine Verbesserung und Weiterentwicklung hochwarmfester Stähle und Legierungen erfolgversprechend erscheint.

Die nachfolgend beschriebenen Zeitstandversuche an austenitischen Stählen und Legierungen sind das Ergebnis einer Gemeinschaftsuntersuchung des Vereins Deutscher Eisenhüttenleute, der Arbeitsgemeinschaft Deutscher Turbinenfabriken im Verein Deutscher Maschinenbauanstalten, der Vereinigung der Großkesselbesitzer und des Wasserrohrkesselverbandes. Bei dem Max-Planck-Institut für Eisenforschung in Düsseldorf werden im Rahmen dieses Versuchsvorhabens neben den chemisch-metallkundlichen Untersuchungen und den Dauerschwingversuchen bei hohen Temperaturen insbesondere die Zeitstanduntersuchungen bei 700° durchgeführt.

A. Versuchsplanung und Versuchswerkstoffe

Im Rahmen der Gemeinschaftsversuche werden folgende Einflußgrößen auf die Zeitstandeigenschaften austentischer Stähle und Legierungen untersucht:

1. Legierungsaufbau,
2. behinderte Formänderung durch Kerben,
3. Warm-Kaltverformung oder Kaltverformung,
4. Wärmebehandlung und
5. Schweißen.

Die chemische Zusammensetzung, Wärmebehandlung und Festigkeitseigenschaften bei Raumtemperatur der untersuchten Werkstoffe sind in Tabelle 1 wiedergegeben. Ergänzend hierzu enthält die Tabelle 2 die Warmfestigkeit und Kerbschlagzähigkeit nach Glühung ohne Belastung. Auf Grund des Legierungsaufbaues können die Versuchswerkstoffe in folgende Gruppen eingeteilt werden:

Chrom-Nickel-Stähle (Eisen > 50 %)

Die Stähle sind entweder mit Niob oder Titan stabilisiert. An weiteren Elementen sind einzelne und in verschiedener Abstimmung teilweise noch Bor, Kobalt, Molybdän, Stickstoff, Vanadin und Wolfram zulegiert.

Chrom-Mangan-Stähle

Diese Stähle enthalten entweder Vanadin oder Stickstoff als weitere Legierungsstoffe.

Chrom-Kobalt-Nickel-Eisen-Legierungen (Eisen < 50 %)

Die zur Kennzeichnung dieser Werkstoffgruppe genannten Elemente sind in wechselndem Verhältnis vorhanden, wobei der Eisenanteil allgemein weniger als 50 % beträgt und in einigen Legierungen unter 10 % liegt. Außerdem sind bei z.T. erhöhtem Kohlenstoffgehalt in verschiedener Höhe und Abstimmung Molybdän, Vanadin, Wolfram, Niob, Tantal, Titan sowie Stickstoff zulegiert. Die Auswahl erstreckt sich auf technisch eingeführte Werkstoffe aus der in Deutschland und im Ausland durchgeführten Entwicklung hochwarmfester Legierungen.

Nickellegierungen

Bei den Nickellegierungen ist die Versuchsplanung auf nur eine Legierung mit rd. 20 % Cr, 2 % Ti und 0,6 % Al beschränkt, da die Bedeutung der Werkstoffe dieser Art mehr auf dem Gebiet kurzlebiger Triebwerke des Flugzeugbaues liegt. Es bestand bei dieser Versuchslegierung von vornherein Klarheit darüber, daß es nicht das Ziel der Untersuchung sein sollte, eine mögliche, besonders für kurze Versuchszeiten hinsichtlich des Legierungsaufbaues und der Wärmebehandlung günstigste Spitzenentwicklung zu berücksichtigen.

Zur Auswahl der Versuchswerkstoffe ist grundsätzlich festzustellen, daß diese im Hinblick auf die Zielsetzung der Gemeinschaftsversuche besonders diejenigen für ortsfeste Anlagen mit langer Lebensdauer berücksichtigt. Aus den für höhere Beanspruchungstemperaturen bis rd. 900° angewendeten Werkstoffen wurde nur eine kleine kennzeichnende Auswahl getroffen, um bei einer Entwicklung ortsfester langlebiger Kraftanlagen zu höheren Betriebstemperaturen einen Anhalt für den dann erforderlichen legierungstechnischen Aufwand zu gewinnen. Die Versuche sollen in diesem Zusammenhang dazu beitragen, zu klären, wieweit der für kurze Betriebszeiten notwendige hohe Legierungsaufwand auch bei langen Betriebsdauern ausreichend erscheinende Verbesserungen sichert.

Der Einfluß einer Warm-Kaltverformung bzw. Kaltverformung wird an einigen Stählen und Legierungen der ersten drei Gruppen vergleichend mit dem nicht verfestigten Zustand untersucht. Hierbei wird das Ziel verfolgt, festzustellen, ob und inwieweit die Verfestigung über lange Versuchszeiten bessere Zeitstandfestigkeiten und Zeitdehngrenzen sichert.

Im Hinblick auf die ohnehin bereits sehr umfangreiche Versuchsplanung wird der Einfluß der Wärmebehandlung, d.h. verschiedener Lösungstemperaturen, nur an einer Chrom-Kobalt-Nickel-Eisen-Legierung verfolgt. In den übrigen Fällen sind die Werkstoffe in technisch üblichem Wärmebehandlungszustand eingebaut.

Die Versuche an geschweißten Proben erstrecken sich besonders auf die Chrom-Nickel-Stähle, wobei die Zeitstandeigenschaften im geschweißten und ungeschweißten Zustand an der gleichen Schmelze miteinander verglichen werden.

Da das gesamte Versuchsvorhaben durch die zeitliche Verschiebung in der Lieferung der Werkstoffe und der Fertigstellung der Versuchsanlagen eine gewisse Anlaufzeit benötigte und es außerdem als Aufgabe dieser Versuche angesehen wird, in der Zwischenzeit erfolgte Werkstoffentwicklungen zu berücksichtigen, können z.Zt. noch nicht für alle in der Tabelle 1 aufgeführten Werkstoffe Ergebnisse mitgeteilt werden.

Im Hinblick auf die bekannten großen Streuungen der Ergebnisse von Zeitstandversuchen erschien es ratsam, für die Lieferung an sich gleich zusammengesetzter Versuchswerkstoffe möglichst mehrere Stahlhersteller heranzuziehen, um damit die Zuverlässigkeit der nachfolgend zusammengefaßten Ergebnisse zu erhöhen und zufällige, im einzelnen z.Zt. noch schwer erfaßbare Einflußgrößen der metallurgischen Herstellung u.a. auszuschalten. Außerdem wird teilweise der gleiche Stahl in verschiedenen Halbzeugformen untersucht.

B. Zeitstandfestigkeit und Zeitdehngrenzen

Die aus den bislang durchgeführten Versuchen ermittelten Zeitstandfestigkeiten und Zeitdehngrenzen der untersuchten Stähle und Legierungen nach 1000, 10 000 und 25 000 Stunden sind in Tabelle 3 zusammengefaßt. Soweit es der derzeitige Versuchsstand zuläßt, sind dabei Extrapolationen mit einer Genauigkeit von ± 1 kg/mm^2 vorgenommen.

Den in dieser Tabelle zusammengefaßten Auswertungsergebnissen liegt das in den Berichten von H. REINER (1) und G. BANDEL (2) beschriebene Versuchs- bzw. Auswertungsverfahren zugrunde, wobei, um den Auswertungsfehler möglichst klein zu halten, die unabhängig von mehreren Stellen gefundenen Ergebnisse gemittelt wurden. Wenn trotzdem an einigen Stellen die mitgeteilten Ergebnisse unerwartete Unregelmäßigkeiten zeigen, ist dieses teilweise darauf zurückzuführen, daß Werkstoffe gleicher Zusammensetzung und Wärmebehandlung bei der gleichen Temperatur von verschiedenen Prüfstellen untersucht wurden, ferner kann hierin eine dem Versuchs- und Auswertungsverfahren an sich anhaftende Ungenauigkeit, aber auch eine noch nicht bekannte, mit der Art der Versuchsdurchführung zusammenhängende Gesetzmäßigkeit des Werkstoffverhaltens enthalten sein. Insgesamt wird aber dadurch im allgemeinen die Zuverlässigkeit der aus diesen Ergebnissen abgeleiteten Zeitstandeigenschaften kaum beeinflußt, da durch die Vielzahl der einzelnen Meßpunkte die mitgeteilten Versuchsbefunde besonders nach langen Versuchszeiten die gewünschten Daten mit befriedigender Genauigkeit wiedergeben dürften.

I. Chrom-Nickel-Stähle

1. Chrom-Nickel-Stähle mit Niob oder Titan ohne weitere Legierungszusätze (Stähle lfd. Nr. 21a, 21as, 21b, 22b, 122b, 22c, 22d, 22ds, 22e, 22f, 122c)

Untersucht werden mit Niob oder Titan stabilisierte Stähle auf der Legierungsgrundlage 18 % Cr, 10 % Ni und 16 % Cr, 13 % Ni, wobei festgestellt werden soll, ob Niob und Titan das Zeitstandverhalten dieser Stähle verschieden beeinflussen und welchen Einfluß die in Richtung einer größeren Austenitstabilität wirkende Erhöhung des Nickelgehaltes ausübt. Mit dem Vorbehalt, daß die Ergebnisse von Zeitstandversuchen einzelner Schmelzen im Hinblick auf die auch bei chemisch gleich zusammengesetzten Stählen möglichen großen Streuungen nur begrenzte Beweiskraft haben, ergibt die vorliegende Untersuchung folgendes:

Bei etwa gleichem Nickelgehalt von rd. 10 % sind die Zeitstandeigenschaften des titanstabilisierten Stahles 22b bei 600 und 650° besonders nach längerer Versuchsdauer deutlich ungünstiger als diejenigen des mit Niob stabilisierten Stahles 21a, bei dem die an einer Stange mit 20 mm Durchmesser (AJ) und an einem 20 mm dicken Blech (AK) bei 600 und 650° ermittelten Wert untereinander befriedigend übereinstimmen. Eine Deutung dieser Beobachtungen ist grundsätzlich im Sinne der von K. BUNGARDT und H. SYCHROVSKY (3) mitgeteilten Ergebnisse über den Zusammenhang zwischen Gefügeaufbau und Zeitstandverhalten an Hand der von A. KRISCH (4) im Rahmen dieser Gemeinschaftsversuche mitgeteilten Befunde der metallkundlichen Analyse, welche eine größere Gefügeinstabilität des titanstabilisierten Stahles nachweist, möglich. Hierauf soll aber im Rahmen dieses Berichtes nicht näher eingegangen werden. Bei 700° fehlt eine unmittelbare Vergleichsmöglichkeit des Titan- und Niobeinflusses.

Der Vergleich zwischen dem Zeitstandverhalten des lösungsgeglühten Zustandes (22e) und des nur geschmiedeten Zustandes (22f) etwa gleich zusammengesetzter Stähle bei 700° bedarf zu einer sicheren Aussage noch längerer Versuchszeiten.

Durch Erhöhung des Nickelgehaltes von 10 auf 13 % werden, wie aus dem Vergleich des Stahles 21a mit dem Stahl 22c gefolgert werden kann, die Zeitstandfestigkeit und die Zeitdehngrenzen heraufgesetzt. Mit zunehmender Temperatur wird dieser Einfluß geringer. Die höchsten Zeitstandfestigkeiten und Zeitdehngrenzen weist in lösungsgeglühtem Zustand der niobstabilisierte Stahl 22c mit rd. 16 % Cr und 13 % Ni auf. Eine Warm-Kaltverfestigung, wie sie der Stahl 22d erfahren hat (s. höhere Streckgrenze), hat eine weitere Erhöhung dieser Eigenschaften bei 600° zur Folge (vgl. 22c und 22d), während bei 650° nach den bisherigen Ergebnissen die Unterschiede in der Zeitstandfestigkeit nur noch gering sind.

Die Zeitstandfestigkeiten der gekerbten Proben zeigen, soweit die bisherigen Ergebnisse bereits eine Aussage ermöglichen, keine Andeutung für eine besondere Versprödungsneigung dieser Stähle.

Während beim geschweißten Stahl 21as im Vergleich zum ungeschweißten Stahl 21a die Zeitstandfestigkeiten niedriger sind und die Zeitdehngrenzen gut übereinstimmen, besteht beim Stahl 22d bzw. 22ds ein auffallender Unterschied in der Zeitstandfestigkeit, die im geschweißten Zustand bei 600 und 650° wesentlich tiefer ist als im ungeschweißten Zustand. Erklärt wird dieser Befund durch die Tatsache, daß beim Schweißen des offensichtlich warmkaltverformten Stahles 22d eine Entfestigung in den der Schweißnaht benachbarten Zonen eingetreten ist.

2. Chrom-Molybdän-Nickel-Stähle mit Niob oder Titan (Stähle lfd. Nr. 23b, 24a, 24b, 24ds, 24e, 24f, 24g, 24y, 24z, 124y, 124z, 124x)

Die Versuchsplanung bei den austenitischen Chrom-Molybdän-Nickel-Stählen umfaßt ebenfalls das Studium des Einflusses von Niob und Titan, wobei die Grundzusammensetzung der Stähle rd. 16 % Cr, 13 % Ni bzw. 16 % Ni und 2 % Mo ist. Im Verlauf der Gemeinschaftsuntersuchung erwies es sich im Anschluß an eine Arbeit von K. BUNGARDT und H. SYCHROVSKY (3) als zweckmäßig, auch einen niobstabilisierten Stahl zu untersuchen, bei dem der Nickelgehalt unter Beibehaltung des Chrom- und Molybdängehaltes auf etwa 16 % erhöht ist.

Um diesen Vergleich möglichst genau durchzuführen, wurden zwei 60 kg Schmelzen hergestellt, von denen je ein 30 kg-Block durch Teilen der Schmelzen mit 13 % bzw. 16 % Ni legiert wurde, so daß mit Ausnahme des unterschiedlichen Nickelgehaltes die Vergleichsschmelzen (24y und 124y; 24z und 124z) hinsichtlich der chemischen Zusammensetzung und der Erschmelzungsart übereinstimmen. Ferner ist noch eine 300 kg-Lichtbogenofenschmelze (124x) mit 16 % Ni in die Untersuchung einbezogen.

Soweit es sich um den Vergleich zwischen dem Einfluß von Niob (24a, 24b) bzw. Titan (23b) handelt, decken sich die Beobachtungen bei den Chrom-Molybdän-Nickel-Stählen grundsätzlich mit den bereits bei den Chrom-Nickel-Stählen getroffenen Feststellungen, wonach Niob besonders bei tieferen Temperaturen stärker als Titan die Zeitstandfestigkeit und Zeitdehngrenzen zu erhöhen scheint.

Die Erhöhung des Nickelgehaltes von 13 (24y, 24z) auf 16 % (124y, 124z, 124x) übt, soweit die bisherigen Versuche erkennen lassen, keinen wesentlichen Einfluß auf die Zeitstandfestigkeit und Zeitdehngrenzen aus. Dabei muß aber berücksichtigt werden, daß der eigentliche Grund für die Erhöhung des Nickelgehaltes die Verbesserung des Zähigkeitsverhaltens unter Beanspruchungen bei erhöhter Temperatur ist.

Unter Berücksichtigung sämtlicher vergleichbarer Schmelzen einschließlich der Stähle 24e, 24f und 24g streuen die Zeitstandfestigkeiten bei 10^4h bei den verschiedenen Temperaturen zwischen folgenden Werten: $600°$ 19 bis 20,5 kg/mm^2, $650°$ 9,5 bis 13,7 kg/mm^2 und $700°$ 5,5 bis 10 kg/mm^2. Ob sich mit zunehmender Versuchszeit diese Streuung vermindert, bleibt abzuwarten.

Diese Streuungen erschweren eine vergleichende Beurteilung mit den molybdänfreien Chrom-Nickel-Stählen, zumal bei den letzteren die Zahl der vergleichbaren Schmelzen wesentlich kleiner ist. Soweit die vorliegenden Ergebnisse überhaupt einen Schluß zulassen, scheinen die Chrom-Molybdän-Nickel-Stähle bei den höheren Temperaturen etwas besser zu sein.

Für eine ausreichend gesicherte Aussage über den Einfluß des Schweißens sind die im Vergleich zum ungeschweißten Stahl (24b) ermittelten Versuchsbefunde in geschweißtem Zustand (24ds) noch zu gering.

3. Chrom-Molybdän-Nickel-Stähle mit Stickstoff und Niob
(Stähle lfd. Nr. 26b, 26c, 27a, 27b, 27c)

Über den Einfluß des Stickstoffzusatzes auf die Zeitstandeigenschaften von niobhaltigen Chrom-Molybdän-Nickel-Stählen ergeben die vorliegenden Ergebnisse noch keine eindeutige Abhängigkeit.

Während die Ergebnisse bei den beiden lösungsgeglühten Stählen 26c und 27c sich untereinander verhältnismäßig gut einordnen, liegen demgegenüber die Zeitstandergebnisse des ebenfalls lösungsgeglühten Stahles 26b bei 600° deutlich niedriger. Die höhere Lösungsglühtemperatur der beiden erstgenannten Stähle kann, wenn auch nicht ausschließlich, zur Erklärung dieser Ergebnisse herangezogen werden.

Über den Einfluß der Kaltverfestigung bzw. Warm-Kaltverfestigung auf das Zeitstandverhalten der stickstoffhaltigen Chrom-Molybdän-Nickel-Stähle (27a, 27b) zeigt sich, daß die bereits bei den lösungsgeglühten Stählen dieser Legierungsart beobachteten großen Unterschiede auch bei den verfestigten Stählen vorhanden sind. Während beim Stahl 27b sich die Wirkung der Kaltverfestigung in wesentlich höheren Zeitstandfestigkeiten und Zeitdehngrenzen ausdrückt, ist der hierdurch erzielte Gewinn beim Stahl 27a im Vergleich zu den Ergebnissen des lösungsgeglühten Zustandes 26b mit gleicher Abschreckbehandlung verhältnismäßig gering. Eine befriedigende Erklärung für dieses unterschiedliche Ansprechen einzelner Schmelzen ist zur Zeit noch nicht möglich.

4. Chrom-Nickel-Stähle mit Bor
(Stähle lfd. Nr. 28a, 28b, 128a, 29a, 29b, 129a, 31a, 31b)

Sämtliche Stähle enthalten Niob. Durch den Borzusatz werden die Zeitstandfestigkeiten und Zeitdehngrenzen der sonst keine weiteren Legierungselemente enthaltenden Chrom-Nickel-Stähle im lösungsgeglühten Zustand erhöht, wie sich aus dem Vergleich der Stähle 28a und 28b mit dem borfreien sonst gleich zusammengesetzten Stahl 22c ergibt (Tab. 3, Abb. 1). Es muß dabei noch erwähnt werden, daß der Stahl 22c besonders gute Werte aufweist. In Abbildung 1 sind ferner die Ergebnisse der zwei niobhaltigen und borfreien Chrom-Molybdän-Nickel-Stähle (24a und 24b) wiedergegeben. Die Tatsache, daß bei den beiden letztgenannten Stählen die Zeitstandfestigkeit oberhalb 600° niedriger als bei dem molybdänfreien Stahl 22c ist, darf aber nicht im Sinne einer Überlegenheit molybdänfreier Stähle verallgemeinert werden, sondern ist hier durch die für den Vergleich notwendige Auswahl einzelner Schmelzen mit möglichst ähnlicher Zusammensetzung bedingt.

Eine weitere Erhöhung der Zeitstandwerte und Zeitdehngrenzen wird durch einen zusätzlichen Molybdängehalt (Stähle 29a und 29b) erzielt (Tab. 3, Abb. 1). Die teilweise vorhandenen Unterschiede vergleichbarer Schmelzen können durch die unterschiedliche Stabilisierungshöhe auch gedeutet werden. Die borhaltigen mit Molybdän legierten Stähle weisen unter den bislang besprochenen Stahlsorten die besten Zeitstandeigenschaften auf und sind gegen verformungsarme Brüche nicht empfindlich.

Durch zusätzliches Legieren der borhaltigen Stähle mit Vanadin und Stickstoff wird, wie die Ergebnisse an den Stählen 31a und 31b, deren Nickelgehalt auf rd. 20 % erhöht ist, erkennen lassen, keine Verbesserung der Zeitstandeigenschaften gegenüber den Chrom-Molybdän-Nickel-Stählen 29a und 29b mit Bor erreicht.

Ein verbessernder Einfluß der Kaltverfestigung auf das Zeitstandverhalten des molybdänfreien Stahles ist bei $700°$ praktisch nicht vorhanden (vergl. 128a und 28a). Dagegen ist bei dem molybdänhaltigen Stahl eine Überlegenheit des kaltverformten Zustandes über 10^4 h bei der gleichen Temperatur noch gegeben. (vergl. 129a und 29a).

5. Chrom-Molybdän-Nickel-Stickstoff-Stähle mit Vanadin und Niob (Stähle lfd.Nr. 30a, 30z, 30b, 30c, 30d, 130a, 130bs, 130cs, 130d, 230d, 130es, 130f, 230f, 230a)

Untersucht wird der Einfluß verschiedener Nickelgehalte, nämlich 13 % und 20 %, der Warmkalt- bzw. Kaltverformung und des Schweißens. Außerdem sind Proben aus technischen Schmiedestücken in die Versuche einbezogen.

Die Ergebnisse in Tabell3 ergeben zusammenfassend, daß Stähle dieses Legierungsaufbaues bis $650°$ höhere Zeitstandfestigkeiten aufweisen als die entsprechenden Stähle ohne Bor, Vanadin und Stickstoff und sich an das Streuband der genannten Eigenschaften dieser Stähle nach oben anschließen, wobei diese Überlegenheit mit zunehmender Temperatur geringer wird. Diese Zusammenhänge sind auch aus Abbildung 1, die in der oberen Darstellung die 25 000 h Zeitstandfestigkeiten der untersuchten Chrom-Molybdän-Nickel-

Stickstoff-Stähle mit Vanadin und Niob und vergleichend die Ergebnisse der guten Schmelzen des Chrom-Nickel-Stahles Nr. 22c und der Chrom-Molybdän-Nickel-Stähle Nr. 24a und 24b enthält, ersichtlich. Grundsätzlich ähnliches ergibt die Auswertung der 1 % Zeitdehngrenze in 25 000 h in Abbildung 1, wenn auch die Unterschiede zwischen den Stählen 30a und 130a hier etwas größer als bei der Zeitstandfestigkeit sind.

Als eine für die Verwendung in Anlagen mit langer Lebensdauer wichtige Besonderheit ist bei diesen vanadinhaltigen Stählen die Beobachtung zu vermerken, daß sie bei höheren Temperaturen besonders an Stellen mit behindertem Luftzutritt wesentlich stärker als die vanadinfreien Stähle zundern.

Ein Einfluß des Nickelgehaltes (130a mit rd. 13 % Ni und 30a mit rd. 20 % Ni) auf das Zeitstandverhalten ist nicht mit Sicherheit zu erkennen. Die an dem Schmiedestück (30z) ermittelten Zeitdehngrenzen ordnen sich befriedigend in die für die gleiche Schmelze an Stabstahl mit 20 mm Durchmesser (30a) ermittelten Werte ein.

Über die ferner noch untersuchten Einflußgrößen, Warmkaltverformung usw., läßt der derzeitige Versuchsstand noch keine Aussagen zu.

6. Chrom-Nickel-Kobalt-Stähle
(Stähle lfd. Nr. 32a, 132a, 132b, 132c, 34a, 34b, 34bs, 134a, 134b)

Untersucht wird ein Stahl, der hinsichtlich des legierungstechnischen Aufbaues, abgesehen vom Stickstoffgehalt, den bereits behandelten mit niobhaltigen Chrom-Molybdän-Nickel-Stählen mit Vanadin entspricht, aber noch zusätzlich rd. 2 % Co und rd. 0,8 % W enthält (32a und 132a, 132b, 132c) und außerdem ein Stahl, der mit etwa 0,35 % C, 10 % Co, 15 % Cr, 13 % Ni, 2 % Mo, 3 % Nb und 3 % W neben erhöhtem Kohlenstoff- und Kobaltgehalt bereits eine ansehnliche Menge an karbidbildenden Elementen enthält (34a, 34b und 134a, 134b).

Die Zeitstandfestigkeiten des schwächer legierten Stahles im hammerharten Zustand (132c) sind bei 650° nach 10^4 und $2,5 \cdot 10^4$ h etwas höher als in dem anschließend lösungsgeglühten Zustand (32a). Gleiches gilt grundsätzlich auch für die Zeitdehngrenzen 0,5 und 1 %. Aus dem flacheren Abfall der Zeitstandfestigkeiten und Zeitdehngrenzen im lösungsgeglühten Zustand könnte sich bei längerer Versuchszeit sogar eine Überlegenheit gegenüber dem instabileren hammerharten Zustand ableiten lassen. Diese Tendenz ist bei 700° ausgeprägter (vergl. 132a und 132b mit 32a). Die Zeitstandfestigkeit des hammerharten bzw. warm-kaltverformten Zustandes (132a und 132b) ist nach 1000 Stunden zwar höher, fällt dann steiler ab und ist nach 10^4 Stunden niedriger als im lösungsgeglühten Zustand (32a).

Gegenüber dem Kobalt- und Wolfram-freien Stahl sonst gleicher Zusammensetzung (130a) sind keine über den Rahmen der Versuchsstreuung hinausgehenden Unterschiede der Zeitstandfestigkeit und Zeitdehngrenzen (Abb. 1) vorhanden. Das Zunderverhalten dieses Stahles entspricht demjenigen der bereits im Abschnitt 5 genannten vanadinhaltigen Stähle.

Erwartungsgemäß sind bei dem wesentlich höher legierten zweitgenannten Stahl Zeitstandfestigkeiten und Zeitdehngrenzen im ausgehärteten Zustand bei 700° höher (Tab. 3, Abb. 1). Aber auch bei diesem Stahl sichert die Warm-Kaltverformung bei dieser Temperatur über lange Beanspruchungszeiten keine besseren Werte, da die Zeitstandfestigkeiten und Zeitdehngrenzen des lösungsgeglühten Zustandes zwischen 10^3 und 10^4h weniger rasch abnehmen als diejenigen des hammerharten bzw. warmkaltverfestigten Zustandes (vergl. 34a und 134a).

II. Chrom-Mangan-Stähle mit Vanadin oder Stickstoff
(Stähle lfd. Nr. 25a, 25b, 25c, 25d)

Die niedrigsten Zeitstandwerte weist in der Gruppe der austenitischen Chrom-Mangan-Stähle der vanadinhaltige, stickstoffarme Stahl 25d im lösungsgeglühten und ausgehärteten Zustand auf. Die Zeitstandfestigkeiten und Zeitdehngrenzen des stickstoffhaltigen, praktisch vanadinfreien Stahles 25c, der im lösungsgeglühten Zustand untersucht wird, liegen nur wenig höher. Im Vergleich zu den niobstabilisierten Chrom-Nickel-Stählen ist festzustellen, daß die Zeitstandfestigkeiten der untersuchten Chrom-Mangan-Stähle etwas niedriger sind. Die Zeitdehngrenzen dieser beiden Stahlarten sind etwa gleich.

Die Warm-Kaltverformung bewirkt bei dem Chrom-Mangan-Vanadin-Stahl 25a bei 550° auch noch nach 25 000 h eine deutliche Verbesserung der Zeitstandfestigkeit und Zeitdehngrenzen. Bei 700° nimmt, wie zu erwarten, mit zunehmender Versuchsdauer der Einfluß der Warm-Kaltverformung stärker ab, ist aber nach 25 000 h noch vorhanden (vgl. 25a und 25d).

Wieweit beim Stahl 25b die wiedergegebenen Versuchsbefunde, d.h. die anfänglich bei 600° im Vergleich zum Stahl 25d höheren Werte durch die unterschiedliche Wärmebehandlung, den höheren Kohlenstoffgehalt oder durch eine nicht vollständig abgebaute Verfestigung beeinflußt werden, läßt sich nicht voneinander trennen. Die Zeitstandfestigkeiten der gekerbten Proben decken sich praktisch mit denjenigen, die an glatten Stäben ermittelt wurden.

III. Chrom-Kobalt-Nickel-Eisen-Legierungen
(Legierungen lfd. Nr. 70a, 70d, 70b, 70e, 70c, 170a, 71a, 78a, 78b, 79a, 79b, 89a, 89z, 89y, 89b, 90a, 90b, 90c)

Untersucht werden sechs verschiedene, technisch eingeführte Legierungen. Umfangreiche Ergebnisse liegen z.Zt. bei folgenden Werkstoffen dieser Gruppe vor:

a) Legierungen 70a bis 71a: 0,1 % C, 20 % Co, 17 % Cr, 3 % Mo, 1,3 % Nb, 20 % Ni, 1 % V, 2,5 % W, 0,15 % N, Rest Fe

b) Legierungen 89a, 89z und 89b: (0,05 % C, 25 % Co, 15 % Cr, 4,5 % Mo, 36 % Ni, 4,5 % W, 1,8 % Ti, Rest Fe)

c) Legierungen 90b und 90c: (0,05 % C, 25 % Co, 15 % Cr, 4,5 % Mo, 36 % Ni, 5 % W, 5 % Ta, Rest Fe).

Zu a: In Abbildung 2 sind die Zeitstand- und 1 % Zeitdehnkurven bei 700° einer unter a) aufgeführten Legierung (70c) im ausgehärteten Zustand den entsprechenden Kurven des Stahles 34a gegenübergestellt. Der Stahl 34a ist für den Vergleich gewählt, da dieser im ausgehärteten Zustand unter den in den Abschnitten I1 bis I6 behandelten Stähle bei 700° die höchsten Zeitstandfestigkeiten und Zeitdehngrenzen aufweist. Dabei ist zu berücksichtigen, daß der Stahl 34a neben einem hohen Kohlenstoffgehalt und einem ansehnlichen Gehalt an Karbidbildnern bereits rd. 10 % Co enthält, d.h. an der Grenze zwischen den Stählen (> 50 % Fe) und den Schwermetall-Legierungen (< 50 % Fe) liegt. Aus den in Abbildung 2 dargestellten Ergebnissen ergibt sich, daß der Übergang zu der Chrom-Kobalt-Nickel-Eisen-Legierung eine weitere Verbesserung des Zeitstandverhaltens mit sich bringt.

Durch Erhöhung der Lösungsglühtemperatur werden die Zeitstandfestigkeiten und besonders die Zeitdehngrenzen heraufgesetzt (Tab. 3, Abb. 3; vergl. 70a mit 70d und 70b mit 70e).

Eine zusätzliche Warm-Kaltverformung bewirkt bei dieser Legierung eine weitere Erhöhung der Zeitstandwerte (Tab. 3, Abb. 3; vergl. 70c und 71a). Ein stärkerer Abfall der Zeitstandfestigkeit des warm-kaltverformten Zustandes ist bei 700° in der bisherigen Versuchszeit von 25 000 Stunden nicht vorhanden. Der Unterschied in der Zeitstandfestigkeit beträgt nach 25 000 h etwa 6 kg/mm^2 und ist damit noch ebenso groß wie nach 1000 h.

Zu b und c: Gegenüber der vorher besprochenen Legierung ist in diesen beiden Werkstoffen der Kobalt- und Nickelgehalt weiter erhöht. Außerdem ist der Anteil an karbidbildenden Elementen, wobei besonders auf den Titan- bzw. Tantalgehalt hingewiesen werden muß, noch größer.

Die Zeitstandfestigkeit der titanhaltigen Legierung (89a) ist bei 600° und 650° anfänglich bedeutend größer als bei der vorhergehend besprochenen Legierung (vergl. 70c, 70d und 70e mit 89a und 89b), mit zunehmender Versuchsdauer und steigender Temperatur werden die Unterschiede geringer. Nach 10^4h bei 700° haben beide Werkstoffe etwa gleiche Zeitstandfestigkeit, jedoch ist die 1 % Zeitdehngrenze der titanhaltigen Legierung wesentlich höher.

Der Austausch von Titan durch Tantal bringt sowohl bei 650° (Abb. 3; vergl. 89b mit 90b) als auch bei 700° (vergl. 89a mit 90c) eine wesentliche Erhöhung der Zeitstandfestigkeit, so daß die tantalhaltige Legierung unter allen Versuchswerkstoffen, über die dieser Bericht Ergebnisse mitteilt, die höchsten Zeitstandfestigkeiten aufweist. Dieses gilt einschließlich der im nächsten Abschnitt behandelten Nickellegierung. Bezüglich der Zeitdehngrenzen müssen zu einer zuverlässigen Aussage noch weitere Ergebnisse abgewartet werden.

Zeitstandergebnisse an gekerbten Proben von Chrom-Kobalt-Nickel-Eisen-Legierungen sind bislang nur bei dem Werkstoff 89z vorhanden. Sie sind beträchtlich höher als im ungekerbten Zustand.

IV. Nickellegierungen
(Legierungen lfd. Nr. 88a, 88b)

Wie bereits erwähnt, beschränkt sich die Versuchsplanung bei den Nickellegierungen z.Zt. auf einen praktisch eisenfreien Werkstoff mit rd. 75 % Ni, 20 % Cr, 2 % Ti und 0,6 % Al. Die Zeitstandfestigkeit ist bei 600° (88a) anfänglich sehr hoch und entspricht bei 10^3h etwa derjenigen der

Chrom-Kobalt-Nickel-Eisen-Legierung 89a mit Titan, fällt dann aber mit verlängerter Versuchsdauer wesentlich schneller und ist mit etwa 14 kg/mm^2 nach 25 000 Stunden nur noch etwa so hoch wie bei den niobstabilisierten austenitischen Chrom-Nickel-Stählen mit etwa 16 % Cr und 13 % Ni. Mit steigender Temperatur fällt die Zeitstandfestigkeit der Nickellegierung (88b) auch bereits in kurzen Beanspruchungszeiten verhältnismäßig rasch. (Tab. 3, Abb. 3). Eine 1 % Zeitdehngrenze war bislang nicht zu ermitteln, da die Brüche noch vor Erreichen dieser Grenze erfolgten. Die Brüche an gekerbten Proben erfolgten bisher bei etwas geringerer Beanspruchung als bei den ungekerbten Rundproben (88b).

C. Bruchdehnung und Brucheinschnürung beim Zeitstandversuch

Die bei den Zeitstandversuchen festgestellten Bruchdehnungen und -einschnürungen sind in der Tabelle 4 wiedergegeben, in der außerdem die Härte nach dem Versuch angegeben ist. Zur Kennzeichnung des Versuchsstandes ist in der Tabelle noch die am 30. April 1956 vorhandene Laufzeit der noch nicht gebrochenen Proben mit der nächstniedrigeren Beanspruchung eingetragen.

I. Chrom-Nickel-Stähle

Das Zähigkeitsverhalten der in den Abschnitten I1 bis I6 besprochenen, verschieden zusammengesetzten Chrom-Nickel-Stähle in Abhängigkeit von der Versuchsdauer ist gekennzeichnet durch eine mehr oder weniger schnelle, teilweise unstetig erfolgende, anfängliche Abnahme der Bruchdehnung und Brucheinschnürung und einen Wiederanstieg in längeren Versuchszeiten bei einer Reihe von Stählen. Im allgemeinen erfolgt der Zähigkeitsabfall mit zunehmender Versuchstemperatur schneller. Eine ausgeprägte Temperaturabhängigkeit der absoluten Höhe der in der Tieflage noch vorhandenen Zähigkeitswerte ist jedoch nicht vorhanden.

Die Erhöhung des Nickelgehaltes von 13 auf 16 % bei Chrom-Molybdän-Nickel-Stählen mit Niob hat eine Verbesserung der im Zeitstandversuch beobachteten Bruchdehnungen und Brucheinschnürungen zur Folge (vergl. 24y mit 124y und 24z mit 124z).

Eine Neigung zu verformungslosen Brüchen ist im nicht kaltverfestigten Zustand, von einigen Ausfallwerten abgesehen, bei keinem der untersuchten Chrom-Nickel-Stähle vorhanden. Bei einigen Stählen weist der schnellere Abfall der Zeitstandfestigkeit der gekerbten Proben im Vergleich zu ungekerbten Proben auf eine gewisse Kerbempfindlichkeit hin.

Ein Zusammenhang zwischen der Stahlzusammensetzung und dem Ausmaß des Zähigkeitsabfalles läßt sich ohne genaue Kenntnis des zeit- und temperaturabhängigen Ausscheidungsverlaufes und des metallurgischen Einflusses aus den wiedergegebenen Versuchsbefunden zunächst nicht ableiten. Über einige Zusammenhänge, die sich aus den von A. KRISCH (4) in dieser Berichtsfolge mitgeteilten Ergebnissen unter Berücksichtigung bereits vorliegender Kenntnisse (3, 5) ableiten lassen, soll später berichtet werden. Es kann aber bereits jetzt festgestellt werden, daß das ungünstige Zeitstandverhalten des titanhaltigen Chrom-Nickel-Stahles 22b mit der starken Neigung dieses Stahles zur Bildung der Sigmaphase zusammenhängt.

Soweit die wenigen vergleichbaren Versuchsbefunde an Schweißverbindungen bereits eine Aussage zulassen, ist festzustellen, daß diese gegenüber den ungeschweißten Werkstoffen niedrigere Zähigkeitswerte im Zeitstandversuch ergeben (vergl. 21a AJ und 21a AK mit 21as; 22d mit 22ds, 24b mit 24ds, 130a mit 130bs). Bei den geschweißten Proben ist der Bruch meist im Übergang von der Schweiße zum Grundwerkstoff erfolgt.

Kalt- oder Warm-Kaltverformung vermindert gegenüber dem lösungsgeglühten bzw. ausgehärteten Zustand die Bruchdehnung und Brucheinschnürung beim Zeitstandversuch (vergl. 26b mit 27a, 28a mit 128a, 29a mit 129a).

Die Härte steigt besonders bei den im Ausgangszustand abgeschreckten Stählen in den meisten Fällen mit der Versuchszeit mehr oder weniger stark an, erreicht einen oberen Grenzwert und fällt danach vielfach bereits wieder.

II. Chrom-Mangan-Stähle

Die untersuchten Chrom-Mangan-Stähle unterscheiden sich, soweit der nicht verfestigte Zustand in Betracht gezogen wird, im Verhalten der Bruchdehnung und Brucheinschnürung beim Zeitstandversuch grundsätzlich nicht von den vorher erwähnten austenitischen Chrom-Nickel-Stählen. Neigung zu verformungsarmen Brüchen tritt in verfestigtem Zustand (25a und 25b) auf.

III. Chrom-Kobalt-Nickel-Eisen-Legierungen

Bemerkenswert sind die bei allen Temperaturen und Versuchszeiten guten Warmzähigkeiten der Legierung 70a bis 70e. Mit Zunahme der Versuchszeit werden Bruchdehnung und Brucheinschnürung größer. Höhere Lösungsglühtemperatur vermindert zwar die absolute Höhe dieser Werte, die aber trotzdem noch bemerkenswert gut sind (vergl. 70a mit 70d und 70b mit 70e). Durch Kaltverformung fallen die Bruchdehnungs- und -einschnürungswerte (71a).

Die Verformungswerte der titan- oder tantalhaltigen Chrom-Kobalt-Nickel-Eisen-Legierungen im Zeitstandversuch sind verhältnismäßig niedrig und liegen im allgemeinen unter 5 %.

IV. Nickellegierung

Bruchdehnungen und Brucheinschnürungen der titanhaltigen Nickellegierung (88a, 88b) sind bereits nach kurzen Belastungszeiten bei allen Temperaturen sehr niedrig und zeigen bislang keine Tendenz, mit zunehmender Versuchszeit wieder anzusteigen.

D. Zusammenfassung

Es wird über die Ergebnisse der Zeitstandversuche an austenitischen Stählen und Legierungen an Hand einer Einteilung der Versuchswerkstoffe in Chrom-Nickel-Stähle, Chrom-Mangan-Stähle, Chrom-Kobalt-Nickel-Eisen-Legierungen und Nickellegierungen berichtet. Aus dem derzeitigen Versuchsstand ergibt sich folgende Beurteilung der Versuchswerkstoffe.

Die austenitischen Chrom-Nickel- bzw. Chrom-Molybdän-Nickel-Stähle mit Niobzusatz haben bei etwa 600° höhere Zeitstandfestigkeiten und Zeitdehngrenzen als entsprechende Stähle mit Titan. Bei höheren Temperaturen wird dieser Unterschied geringer. In Chrom-Nickel-Stählen mit Niob, sonst aber ohne weitere Legierungszusätze, wirkt sich die Erhöhung des Nickelgehaltes von rd. 10 auf 13 % günstig aus. Die Erhöhung des Nickelgehaltes von 13 auf 16 % ist in niobstabilisierten austenitischen Chrom-Molybdän-Nickel-Stählen praktisch ohne Einfluß auf Zeitstandfestigkeit und Zeitdehngrenzen, verbessert aber das Zähigkeitsverhalten beim Zeitstandversuch. Gleichzeitiger Niob-, Vanadin- und Stickstoffzusatz erhöht bis rd. 650° die Zeitstandfestigkeiten und Zeitdehngrenzen gegenüber den untersuchten niobhaltigen Chrom-Molybdän-Nickel-Stählen ohne besonderen Stickstoffzusatz.

Bei 700° ist nach langen Versuchszeiten kein wesentlicher Unterschied mehr vorhanden. Geringere zusätzliche Kobalt- und Wolframgehalte üben in derartigen Stählen praktisch keinen Einfluß aus. Die Anwendbarkeitsgrenze dieser vanadinhaltigen Stähle liegt etwas über 600°, da bei darüber liegenden Temperaturen, besonders an Stellen mit behindertem Luftzutritt, eine starke Zunderung einsetzt.

Durch geringe Borgehalte wird das Zeitstandverhalten der niobhaltigen Stähle mit rd. 16 % Cr, 13 % Ni und 16 % Cr, 13 % oder 16 % Ni und 2 % Mo wesentlich verbessert. Unter den einfach legierten austenitischen Stählen hat der letztgenannte Stahl bis einschließlich 700° die höchsten Zeitstandfestigkeiten und Zeitdehngrenzen. Der Übergang auf komplexer aufgebaute kobalthaltige Stähle mit höherem Anteil an Karbidbildnern unter entsprechender Abstimmung des Kohlenstoffgehaltes führt zu weiterer Verbesserung dieser Eigenschaften.

Diese setzt sich bei den Chrom-Kobalt-Nickel-Eisen-Legierungen mit zunehmendem Kobalt- und Nickelgehalt und wachsendem Anteil an Karbidbildnern fort. Bei diesen Legierungen bewirkt ein Titanzusatz besonders anfänglich eine erhebliche Erhöhung der Zeitstandfestigkeit und Zeitdehngrenzen. Mit zunehmender Versuchsdauer verliert der Titanzusatz an Wirksamkeit. Unter den bislang untersuchten Werkstoffen hat eine tantalhaltige Chrom-Kobalt-Nickel-Eisen-Liegerung die höchsten Werte.

Die praktisch eisenfreie Nickellegierung mit rd. 75 % Ni, 20 % Cr, 2 % Ti und 0,6 % Al weist bei 600° in kurzen Versuchszeiten sehr hohe Zeitstandfestigkeiten und Zeitdehngrenzen auf, die sich in kurzen Zeiten bei rd. 10^3 Stunden etwa mit den an titanhaltigen Chrom-Kobalt-Nickel-Eisen-Legierungen gefundenen Werten decken. Mit zunehmender Versuchsdauer und -temperatur fallen bei dieser Legierung diese Eigenschaften sehr schnell auf kleinere Werte.

Die austenitischen Chrom-Mangan-Stähle mit Vanadin- oder Stickstoffzusatz schließen sich in ihren Zeitstandeigenschaften etwa den Werten des niobstabilisierten Stahles mit 16 % Cr und 13 % Ni an.

Die Wirksamkeit der durch Warm-Kalt- oder Kaltverformung hervorgerufenen Verfestigung hängt von dem Legierungsaufbau ab. Bei 700° erwies sich über den bislang beurteilbaren Beobachtungszeitraum von 10^4 Stunden nur bei dem borhaltigen Stahl mit etwa 16 % Cr, 13 % Ni, 2 % Mo und Niob sowie einer

Chrom-Kobalt-Nickel-Eisen-Legierung mit rund 0,1 % C, 20 % Co, 17 % Cr, 3 % Mo, 1,3 % Nb, 20 % Ni, 1 % V, 2,5 % W und 0,15 % N diese Verfestigung noch als wirksam zur Verbesserung der Zeitstandfestigkeit und Zeitdehngrenzen. Bei den übrigen in dieser Richtung untersuchten Stählen scheint bei Dauerbeanspruchungen die Grenze bei 650° zu liegen. Einige Beobachtungen weisen darauf hin, daß bei diesen Werkstoffen bei darüber hinaus liegenden Temperaturen sogar das Zeitstandverhalten wieder verschlechtert wird.

Das an Hand der Bruchdehnung und Brucheinschnürung sowie des Zeitstandverhaltens gekerbter Proben beurteilte Zähigkeitsverhalten der Werkstoffe zeigt bei den lösungsgeglühten oder ausgehärteten Stählen der verschiedenen Zusammensetzung keine kennzeichnenden Unterschiede, die ohne genaue Kenntnis des Ausscheidungsverlaufes und des Einflusses der metallurgischen Herstellung ausschließlich dem Legierungsaufbau zugeordnet werden könnten. Dehnung und Einschnürung fallen bei allen Stählen, einschließlich der Chrom-Mangan-Stähle, zuerst mehr oder weniger schnell, wobei in einigen Fällen mit verlängerter Versuchsdauer diese Werte wieder zunehmen. Die Versuchsstähle zeigen im lösungsgeglühten oder ausgehärteten Zustand keine ausgeprägte Neigung zu verformungslosen Brüchen. Durch Warm-Kalt- oder Kaltverfestigung fallen die im Zeitstandversuch beobachteten Dehnungs- und Einschnürungswerte. Das gleiche gilt auch bei den aushärtenden Legierungen, wenn die Temperatur der Lösungsglühung erhöht wird, womit aber andererseits auch eine Erhöhung der Zeitstandfestigkeit und Zeitdehngrenze einhergeht.

Die Chrom-Kobalt-Nickel-Eisen-Legierungen mit hohem Titangehalt von rd. 2 % oder Tantalgehalt von rd. 5 % und die Nickellegierung mit 75 % Ni, 20 % Cr, 2 % Ti und 0,6 % Al haben im Zeitstandversuch bereits nach kurzer Laufzeit niedrige Bruchdehnungen und -einschnürungen, wobei der Eindruck besteht, daß die Nickellegierung die Zähigkeitsabnahme am empfindlichsten zeigt.

Über das Verhalten der Schweißverbindungen im Zeitstandversuch ergeben die vorliegenden Untersuchungen kein einheitliches Bild, da der Umfang der vorliegenden Versuchsbefunde noch zu gering ist. Die Brüche sind in den meisten Fällen im Übergang zwischen Schweißgut und Grundwerkstoff erfolgt.

Eine eingehendere Erörterung des Zusammenhangs zwischen dem zeit- und temperaturabhängigen Verlauf der Ausscheidungsvorgänge und den Ergebnissen der Zeitstandversuche unter Berücksichtigung bereits bekannter Beobachtungen soll erst dann erfolgen, wenn sich der Beitrag hierzu aus den "Gemeinschaftlichen Zeitstandversuchen" auf umfangreichere Unterlagen stützen kann.

Dr.-Ing. Karl BUNGARDT, Krefeld

Forschungsberichte des Wirtschafts- und Verkehrsministeriums Nordrhein-Westfalen

E. Literaturverzeichnis

(1) REINER, H.   Arch. Eisenhüttenwes., demnächst

(2) BANDEL, G.   Arch. Eisenhüttenwes., demnächst

(3) BUNGARDT, K. und   Stahl und Eisen 76 (1955) S. 25/39
    H. SYCHROVSKY

(4) KRISCH, A.   Arch. Eisenhüttenwes., demnächst

(5) BUNGARDT, K. und   Stahl und Eisen 76 (1956) S. 1040/49
    H. SYCHROVSKY

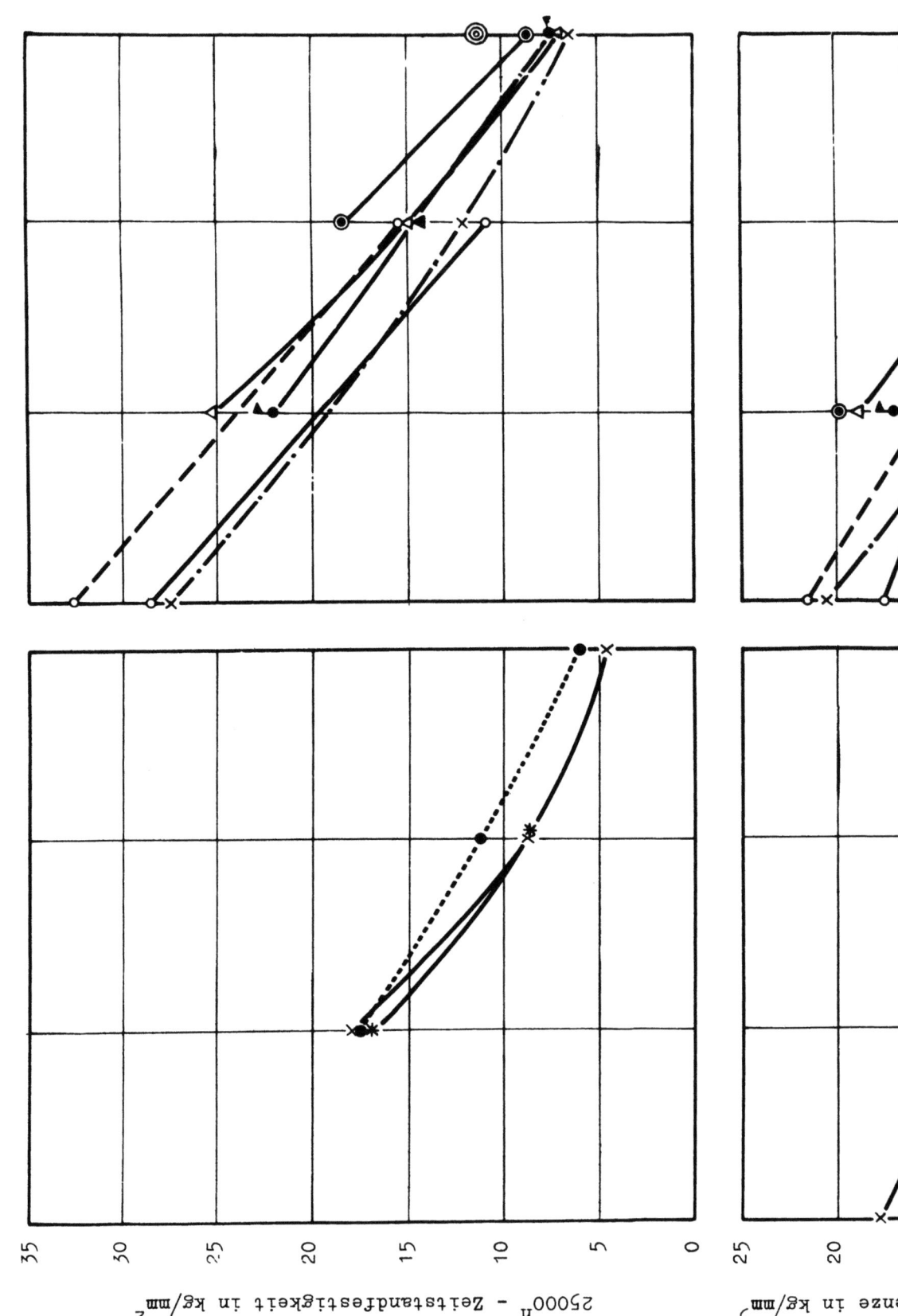

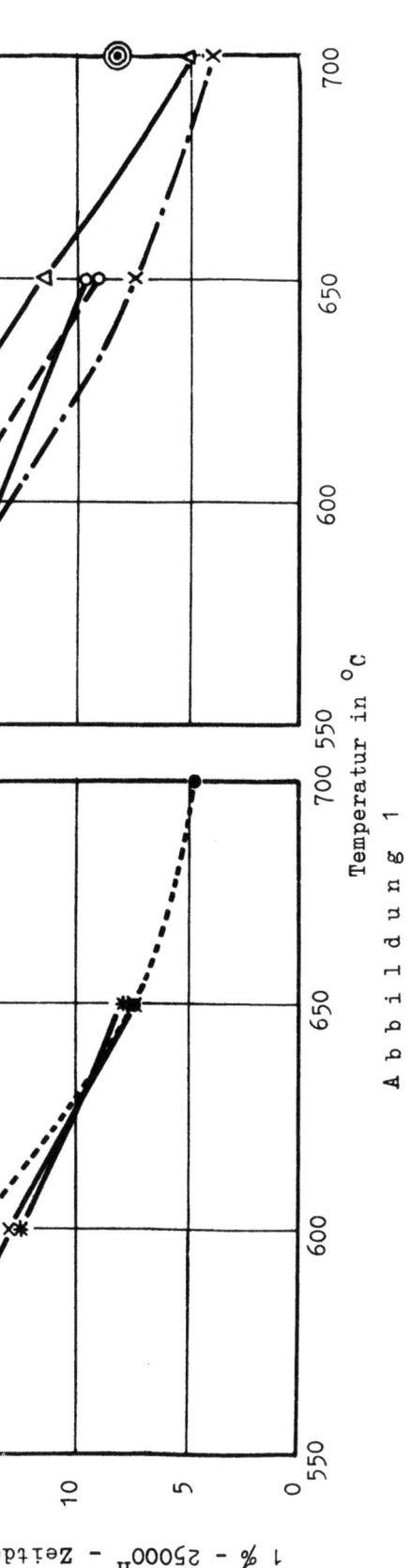

Abbildung 1

Zeitstandfestigkeit σ_B - 25000 und Zeitdehngrenzen σ_B-25000 austenitischer Chrom Nickelstähle

Zeichen u. Nr		Chemische Zusammensetzung in %												Wärmebehandlung
		C	Si	Mn	B	Co	Cr	Mo	N_2	Ta Nb	Ni	V	W	
●------	22 c	0,04	0,40	1,24	–	–	16,95	–	–	0,69	13,55	–	–	20 min 1100 °/L
×——	24 a	0,06	0,59	1,41	–	–	17,30	2,22	–	0,64	12,05	–	–	20 " 1100 "
✱——	24 b	0,07	0,48	1,35	–	–	16,32	1,91	–	1,30	12,68	–	–	1 h 1050 °/W
◢——	28 a	0,07	0,48	1,35	0,11	–	17,20	–	–	0,98	13,80	–	–	15 min 1150 °/W + 5 h 750 °/L
○——	28 b	0,06	0,78	1,52	0,07	–	17,21	–	–	1,49	13,24	–	–	" " " " " " " "
◉——	29 a	0,07	0,44	1,40	0,07	–	16,98	1,92	–	0,90	14,16	–	–	" " " " " " " "
○——	29 b	0,06	0,61	1,60	0,05	–	17,11	2,28	–	1,81	13,98	–	–	" " " " " " " "
×—·—·	30 a	0,08	1,02	1,38	–	–	16,35	1,30	0,141	1,24	21,49	0,85	–	30 min 1130 °/W + 5 h 750 °/L
△——	130 a	0,06	0,54	1,25	–	–	16,49	1,21	0,138	0,94	13,52	0,75	–	" " " " " " " "
▲	32 a	0,06	0,35	1,58	–	2,04	15,60	1,47	–	0,42	14,45	0,81	0,78	geschmiedet bis 800° + 20 min 1100 °/W
◉	34 a	0,37	1,48	0,99	–	10,75	14,00	1,62	–	3,39	12,15	–	2,45	4 h 1230 °/W + 48 h 700 °/L

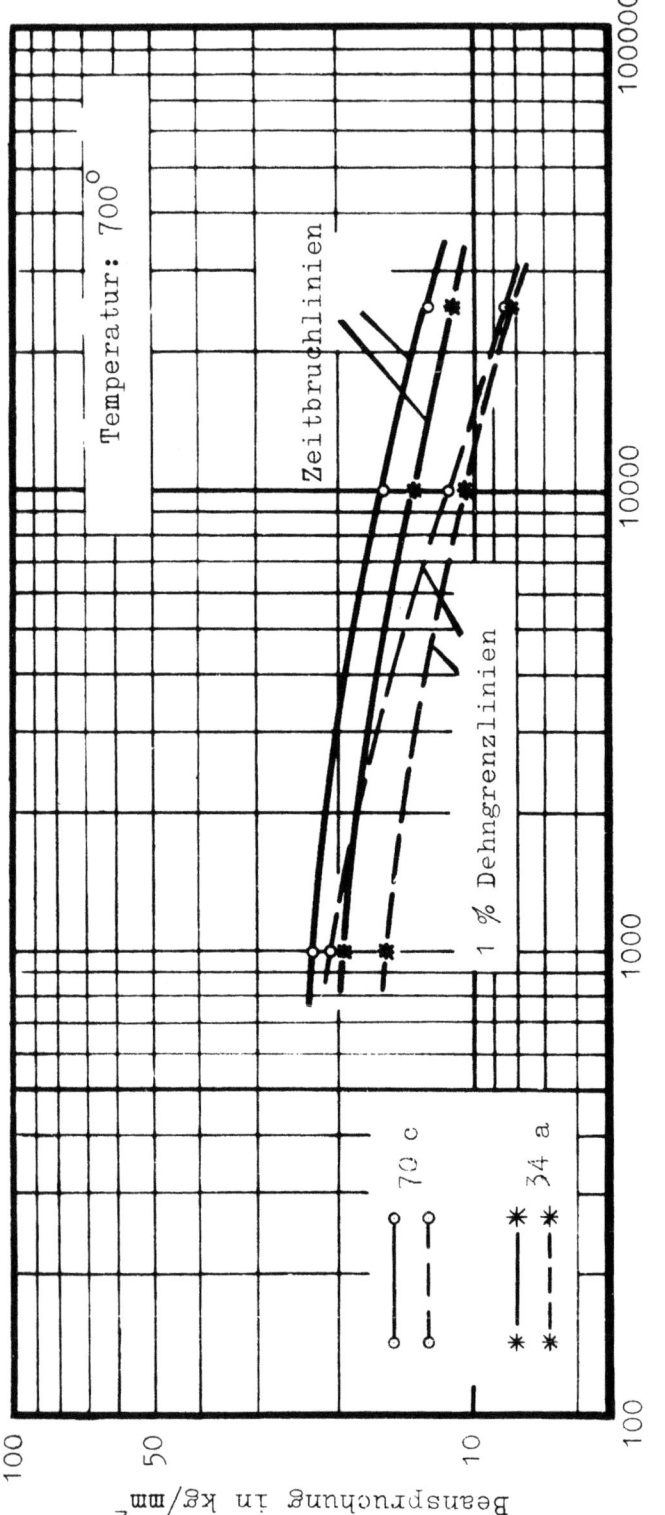

Abbildung 2

Zeitstandfestigkeit und 1% Zeitdehngrenze eines Co-haltigen Stahles und einer Chrom-Nickel-Kobalt-Eisen-Legierung

	C	Si	Mn	Co	Cr	Mo	N_2	Ta/Nb	Ni	V	W
70 c	0,05	0,70	1,30	20,38	16,85	2,61	0,14	1,17	20,7	1,07	2,69
34 a	0,37	1,48	0,99	10,75	14,0	1,62	-	3,39	12,15	-	2,45

Zeitstandfestigkeit σ_{B}-10000 und Zeitdehngrenzen σ_{1}-10000 von Chrom-Kobalt-Nickel-Eisenlegierungen und einer Nickellegierung

Abbildung 3

Zeichen u.Nr		Chemische Zusammensetzung in %												Wärmebehandlung
		C	Si	Mn	Al	Co	Cr	Mo	N_2	Ta/Nb	Ni	Ti	V	W	
o	70 a	0,11	0,79	1,54	-	19,15	16,35	2,68	0,14	1,34	18,75	-	1,05	2,60	1 h 1150 °/W + 5
●	70 d	"	"	"	-	"	"	"	"	"	"	-	"	"	20' 1250 °/W + 50 h 750 °/L
×	70 b	0,06	0,46	1,42	-	18,15	16,51	2,76	0,132	1,24	19,17	-	1,12	1,71	1 h 1150 °/W + 5 h 750 °/L
✻	70 e	"	"	"	-	"	"	"	"	"	"	-	"	"	20' 1250 °/W + 50 h 750 °/L
△	70 c	0,05	0,70	1,30	-	20,38	15,85	2,61	0,140	1,17	20,70	-	1,07	2,69	30' 1250 °/W + 50 h 750 °/L
▲	71 a	"	"	"	-	"	"	"	"	"	"	-	"	"	1 h 1160 °/W, 12 % wk gesch. 5 h 750 °/L
◉	88 a	0,04	0,35	0,65	0,60	-	21,00	-	-	-	74,30	2,10	-	-	8 h 1080 °/L + 16 h 700 °/L
◉	88 b	0,04	0,55	0,65	0,60	-	21,20	-	-	-	74,20	2,15	-	-	"
□	89 a	0,05	1,00	0,5	-	22,30	17,00	4,5	-	-	35,65	1,70	-	4,50	3 h 1250 °/W + 70 h 700 °/L
■	89 b	0,029	0,85	0,85	-	24,20	15,20	5,05	-	Ta	35,60	1,80	-	4,80	"
◉	90 b	0,11	0,25	0,75	-	24,80	15,00	4,45	-	5,30	35,25	-	-	5,35	3 h 1250 °/W + 5 h 800 °/L
◉	90 c	0,05	0,25	0,80	-	24,80	15,30	4,45	-	5,35	35,30	-	-	5,45	"

Temperatur in °C

10000^h - Zeitstandfestigkeit und 1 % - 10000^h Zeitdehngrenze in kg/mm^2

10000^h - Zeitstandfestigkeit

1 % - 10000^h - Zeitdehngrenze

Tabelle 1 (Blatt 1) VERSUCHSWERKE FRA, Stand vom 6.5.1966

Lfd. Nr.	Zei-chen	Stoff-Nr.	Her-stel-ler	Schmelzen Nr.	Ge-wicht in t	Erschm. art	Block-gewicht in t	Abmessung	C	Si	Mn	P	S	Alges.	B	Co	Cr
21 a	AJ	4550	C	8201	12,0	LE	0,430	20 ⌀	0,06	0,29	1,71	0,017	0,011	0,03	n.b.	0,2	18,45
21 a	AK	4550	C	8201	12,0	LE	0,430	20 x 200 x 1000	0,08	0,29	1,71	0,017	0,011	0,05	n.b.	0,2	18,45
21 as	AKS	4550	C	8201	12,0	LE	0,430	20 x 95	0,08	0,29	1,71	0,017	0,011	0,03	.b.	0,2	18,45
21 b	XN	4550	C	9686	12,0	-	-	20 ⌀	0,11	0,25	0,66	n.b.	n.b.	n.b.	n.b.	n.b.	19,10
22 b	BK	4541	D	19383	8,385	LE	0,505	20 ⌀	0,07	0,49	0,31	0,027	0,005	0,11	n.b.	0,04	16,56
122 b	BM	4541	D	10541	0,060	HF	0,06	20 ⌀	0,04	0,60	1,43	0,015	0,01	0,02	n.b.	0,39	16,92
22 c	MJ	4961	C	2818	0,3	HF	0,28	20 ⌀	0,15	0,10	1,24	0,021	0,017	0,04	n.b.	0,01	16,95
22 d	BL	4961	CE	309160	-	-	-	Rohr 95 ⌀ x 20	0,08	0,41	1,18	0,016	0,01	0,015	n.b.	n.b.	16,55
22 ds	BLS	4961	CE	309160	-	-	-		0,08	0,41	1,18	0,016	0,01	0,015	n.b.	n.b.	16,55
22 e	VN	4961	D	23593	-	-	-	20 ⌀	0,07	0,46	1,31	n.b.	n.b.	n.b.	n.b.	n.b.	16,65
22 f	XO	4961	C	9224	12,0	-	-	20 ⌀	0,06	0,37	1,35	n.b.	n.b.	n.b.	n.b.	n.b.	16,1
122 c	ML	4961	D	27747	8,530	LE	0,155	21,5 ⌀	0,06	0,38	1,27	0,026	0,013	Sp.	n.b.	0,17	16,45
23 b	CK	4972	D	20401	8,225	LE	0,155	20 ⌀	0,06	0,34	,54	0,021	0,005	0,18	n.b.	0,12	17,38
24 a	TJ	4982	C	8345	12,0	LE	0,45	20 ⌀	0,06	0,55	1,41	0,016	0,008	0,05	n.b.	0,07	17,30
24 b	TK	4982	D	20591	8,025	LE	0,155	20 ⌀	0,07	0,46	1,35	0,018	0,016	0,02	n.b.	0,17	16,32
24 ds	TOS	4982	D	20591	8,025	LE	0,155	20 x 10	0,07	0,46	1,35	0,018	0,016	0,02	n.b.	0,17	16,32
24 e	VO	4982	D	22869	--	-	-	20 ⌀	0,07	0,50	1,41	n.b.	n.b.	n.b.	n.b.	n.b.	16,00
24 f	VQ	4982	D	-	-	-	-	20 ⌀	0,05	0,46	1,39	0,008	0,002	0,064	n.b.	0,18	16,17
24 g	XP	4982	C	8630	12,0	-	-	20	0,06	0,61	0,95	n.b.	n.b.	n.b.	n.b.	n.b.	16,30
24 y	C	4982	D	2104	0,030	HF	0,030	12 ⌀; 20 ⌀	0,065	0,51	1,44	0,015	0,010	0,16	n.b.	0,15	16,66
24 z	K	4982	D	2111	0,030	HF	0,030	12 ⌀; 20 ⌀	0,075	,61	1,49	0,016	0,011	0,16	n.b.	0,14	16,62
124 y	F	4981	D	2105	0,030	HF	0,030	12 ⌀; 20 ⌀	0,075	0,47	1,32	0,013	0,012	0,14	n.b.	0,12	15,92
124 z	N	4981	D	2112	0,030	HF	0,030	12 ⌀; 20 ⌀	0,07	0,60	1,45	0,012	0,012	0,06	n.b.	0,16	15,84
124 x	P	4981	D	V 191	0,265	LE	0,265	12 ⌀; 20 ⌀	0,055	0,64	1,55	0,015	0,009	0,09	n.b.	0,33	15,94
124 w	AO	4981	D	16268	10	LE	0,115	30 x 12; 20 ⌀	0,05	0,56	1,26	0,020	0,008	n.b.	n.b.	n.b.	16,44
124 ws	AOS	4981	D	16268	10	LE	0,115	30 x 12;	0,05	0,56	1,26	0,020	0,008	n.b.	n.b.	n.b.	16,44
25 a	DJ	4808	N	L 691	1,5	LE	-	20 u. 30 ⌀	0,20	1,26	19,33	0,051	0,012	0,013	n.b.	0,036	9,56
25 b	DL	4808	N	V 764	0,1	HF	-	22 ⌀	0,27	1,17	18,50	0,018	0,013	0,022	n.b.	0,029	10,15
25 c	DM	4808	C	2780	0,3	HF	0,28	20 ⌀	0,12	0,81	19,75	0,020	0,010	0,04	n.b.	0,07	13,10
25 d	DN	4808	N	864	0,1	HF	-	23 ⌀	0,06	0,85	18,92	0,026	0,014	0,025	n.b.	0,03	9,98
26 b	HK	4983	D	17685	9,510	LE	0,155	20 ⌀	0,11	0,84	1,08	0,030	0,005	0,11	n.b.	0,13	15,90
26 c	HL	4983	C	2844	0,3	HF	0,28	20 u. 30 ⌀	0,07	1,02	0,72	0,022	0,017	0,06	n.b.	0,09	15,80
27 a	KJ	4983	D	17685	9,510	LE	0,155	20 ⌀	0,11	0,84	1,08	0,030	0,005	0,11	n.b.	0,13	15,90
27 b	KK	4983	D	20688	8,785	LE	0,155	20 ⌀	0,07	0,58	1,34	0,033	0,006	0,18	n.b.	0,19	16,29
27 c	KL	4983	C	2843	0,3	HF	0,28	20 ⌀	0,07	1,01	0,79	0,023	0,023	0,04	n.b.	0,07	15,75
28 a	UJ		D	V 471	0,31	LE	0,155	20 ⌀	0,07	0,48	1,35	0,027	0,006	0,21	0,11	0,12	17,20
28 b	UK		D	V 575	0,265	LE	0,265	20 ⌀	0,06	0,78	1,52	0,019	0,007	0,19	0,07	0,14	17,21
128 a	UL		D	1960	0,03	HF	0,03	21 ⌀	0,06	0,82	1,37	0,012	0,027	0,20	0,060	0,11	17,30
29 a	WJ	4986	D	V 453	0,265	LE	0,265	20 u. 30 ⌀	0,07	0,44	1,40	0,030	0,012	0,17	0,07	0,16	16,98
29 b	WK	4986	D	V 577	0,265	LE	0,265	20 ⌀	0,06	0,81	1,60	0,026	0,013	0,16	,05	0,14	17,11
129 a	WL	4986	D	10540	9,7	LE	0,155	21 ⌀	0,07	0,42	1,45	0,030	0,016	0,06	0,135	0,16	17,52

Mo	N_2	Nb/Ta	Ni	Ti	V	W	Lfd. Nr.	Wärmebehandlung (Nachbehandlung von Schweißungen)	$\sigma_S{}^{1)}$ kg/mm²	σ_B kg/mm²	$\delta_5{}^{2)}$ %	ψ %	HB 30/5 kg/mm²	$\alpha_k{}^{3)}$ kgm/cm²
0,10	0,045	0,81	10,00	0,08	0,05	0,00	21 a	20' 1080°/L	26,4	61	50	69	169	> 21,4
0,10	0,045	0,81	10,00	0,08	0,05	0,00	21 a	20' 1080°/L	(25,7)	62,3	46	69	171	> 21,4
0,10	0,045	0,81	10,00	0,08	0,05	0,00	21 as	ohne	(31,3)	65,3	36	58	208	-
n.b.	n.b.	0,72	10,10	n.b.	n.b.	n.b.	21 b	geschmiedet ohne Wärmebehandlung	-	-	-	-	-	-
0,09	0,017	n.b.	10,73	0,42	Sp.	0,00	22 b	1 h 1050°/W	27,5	57,3	52	73	179	31
0,12	0,005	n.b.	13,04	0,21	0,04	0,00	122 b	1 h 1050°/L	22,5	53,5	56	74	131	28,7
0,16	0,033	0,69	13,55	0,03	0,04	0,00	22 c	20' 1100°/L	23,9	56,8	48	72	145	> 21,4
0,1	0,042	0,86	12,85	0,07	0,04	0,00	22 d	-------	(45,1)³⁾	65,5	45	73	-	9
0,1	0,042	0,86	12,5	0,07	0,04	0,00	22 ds	-------	35,4	61	19	26	-	-
n.b.	n.b.	0,63	12,77	n.b.	n.b.	n.b.	22 e	1 h 1050°/L	26,1	58,1	48	72	-	28,3
n.b.	n.b.	0,88	13,00	n.b.	n.b.	n.b.	22 f	geschmiedet ohne Wärmebehandlung	-	-	-	-	-	-
0,62	0,04	1,11	12,31	n.b.	0,04	Sp.	122 c	1 h 1050°/W 12 % k-gez.; 1 h 700°/L	55	71,3	36	65	224	20,4
1,97	0,006	n.b.	12,19	0,38	0,05	0,00	23 b	1 h 1050°/W	27	57,6	50	73	166	35,1
2,22	n.b.	0,64	12,05	0,10	0,04	0,00	24 a	20' 1100°/L	25,7	61,7	48	72	176	> 21,4
1,91	0,019	1,30	12,68	n.b.	0,05	0,00	24 b	1 h 1050°/W	28,5	60,4	55	75	-	26,5
1,91	0,019	1,30	12,68	n.b.	0,05	0,00	24 ds	ohne						
2,03	n.b.	1,21	13,13	n.b.	n.b.	n.b.	24 e	1 h 1050°/L	26,8	60,5	45	68	-	25,4
2,06	n.b.	1,13	12,65	Sp.	0,10	0,00	24 f	-	(21,5)	58,7	49	69	-	22,5
2,10	n.b.	0,76	13,85	n.b.	n.b.	n.b.	24 g	geschmiedet ohne Wärmebehandlung	-	-	-	-	-	-
1,89	0,018	0,85	13,09	n.b.	Sp.	0,00	24 y	15' 1100°/L	25,5	59,8	51	71	152	23,2
1,93	0,022	0,80	12,83	n.b.	Sp.	0,00	24 z	15' 1100°/L	28	60,5	51	72	150	19,9
1,82	0,013	0,82	16,92	n.b.	Sp.	0,00	124 y	15' 1100°/L	25,5	58,2	40	66	147	25
1,84	0,02	0,82	16,82	n.b.	Sp.	0,00	124 z	15' 1100°/L	33	59,6	48	71	144	18
1,94	0,004	1,13	16,13	n.b.	Sp.	0,00	124 x	15' 1100°/L	32	58	42	72	153	24,7
1,81	n.b.	0,67	16,80	0,01	n.b.	n.b.	124 w	1 h 1050°/L	29,6	58,6	43	75	154	28
1,81	n.b.	0,67	16,80	0,01	n.b.	n.b.	124 ws	ohne					156	
0,00	0,015	n.b.	0,15	0,04	0,64	0,00	25 a	8 h 650°/Lf. - 580°	70,7	97	25	-	283	7,5
0,00	0,033	n.b.	0,11	0,04	0,61	0,00	25 b	15 h 700°/Lf.	70,1	105,5	(34)	51	329	7,4
n.b.	0,154	n.b.	0,90	n.b.	0,12	n.b.	25 c	20' 1100°/L	51,2	89,5	(47)	53	255	> 21,4
n.b.	0,028	n.b.	0,09	0,03	0,62	0,00	25 d	1100°/W; 15 h 700°/L	38	72	58	70	202	> 21,4
									22,3	75,6	51	-	218	17
2,11	0,13	1,50	15,76	n.b.	Sp.	Sp.	26 b	1 h 1050°/L	37	65	26	64	-	20
2,12	0,117	1,05	15,90	n.b.	0,07	n.b.	26 c	20' 1100°/L	33,1	68,2	35	64	167/229	18,3
2,11	0,13	1,50	15,76	n.b.	Sp.	Sp.	27 a	1 h 1050°/L; 11 % k-gez.; 5 h 750°/L	56,1	73,3	29	57	226	12,5
1,73	0,147	0,93	13,27	n.b.	Sp.	Sp.	27 b	1 h 1050°/L; 10 % k-gez.; 5 h 750°/L	58	76,5	29	58	232	14,1
2,20	0,073	1,08	15,55	n.b.	0,00	n.b.	27 c	20' 1100°/L	40,8	67,7	40	57	194	18,3
0,09	0,008	0,98	13,80	n.b.	Sp.	0,00	28 a	15' 1150°/W; 5 h 750°/L	29	62,5	38	56	172	11,2
0,07	0,012	1,40	17,21	n.b.	0,00	0,00	28 b	15' 1150°/W; 5 h 750°/L	30	62,3	44	64	-	15,8
0,06	0,025	0,27	14,37	n.b.	0,11	0,00	128 a	15' 1150°/W; 12 % k-gez.; 5 h 750°/L	61	73,8	26	54	255	11,1
1,92	0,008	0,90	14,16	n.b.	Sp.	Sp.	29 a	15' 1150°/W; 5 h 750°/L	32	65	36	54	187	12,2
2,28	0,008	1,61	14,98	n.b.	Sp.	Sp.	29 b	15' 1150°/W; 5 h 750°/L	30,5	64,4	41	64	191	16,7
2,00	0,031	0,90	13,48	n.b.	0,10	0,25	129 a	15' 1150°/W; 12-15 % k-gez.; 5 h 750°/L	61	77,6	47	52	253	9,4

1) bedeutet $\sigma_{0,2}$
2) bedeutet δ_5
3) Charpy-Versuchprobe

Festigkeitseigenschaften bei 20°

Tabelle 1 (Blatt 2) VERSUCHSWERKSTOFFE, Stand vom 6.8.1956

Lfd. Nr.	Zei-chen	Stoff-Nr.	Her-stel-ler	Schmelzen			Abmessung	C	Si	Mn	P	S	Alges.	B	Co	Cr
				Nr.	Gewicht in t	Erschm. art	Block-gewicht in t									
30 a	FJ	4987	D	20693	9,00	LE	0,155	20 ⌀	0,07	1,02	1,38	0,012	0,008	0,11	n.b.	0,14	16,35
30 z	FP	4987	D	20693	9,00	LE	1,37	735 x 365 x 75	0,07	1,02	1,38	0,012	0,008	0,11	n.b.	0,14	16,35
30 b	FM	4987	D	23583	9,27	LE	5,2	320 x 400 x 900	0,06	0,90	1,32	0,013	0,011	0,00	n.b.	0,20	16,00
30 c	FN	4987	D	10656	0,06	HF	0,06	20 ⌀; 26	0,07	0,86	1,35	0,012	0,011	0,00	n.b.	0,12	16,35
30 d	FO	4987	D	10656	0,06	HF	0,06	24,5	0,07	0,86	1,35	0,012	0,011	0,00	n.b.	0,12	16,35
130 a	RJ	4988	D	23277	14,13	LE	0,84	20 ⌀	0,06	0,54	1,25	0,013	0,011	0,08	n.b.	0,14	16,49
130 bs	RKS	4988	D	23277	14,13	LE	0,84	20 x 90	0,06	0,54	1,25	0,013	0,011	0,08	n.b.	0,14	16,49
130 cs	RLS	4988	D	23277	14,13	LE	0,84		0,06	0,54	1,25	0,013	0,011	0,08	n.b.	0,14	16,49
130 d	RM	4988	C	24794	12,00	LE	0,70	20 ⌀	0,05	0,40	1,29	0,025	0,006	0,03	0,00	0,19	16,60
230 d	RMK	4988	C	24794	12,00	LE	0,70	20 ⌀	0,05	0,40	1,29	0,025	0,006	0,03	0,00	0,19	16,60
130 es	RNS	4988	C	24794	12,00	LE	0,70	20 ⌀	0,05	0,40	1,29	0,025	0,006	0,03	0,00	0,19	16,60
130 f	RO	4988	D	B 10657	0,06	HF	0,06	20 ⌀; 26	0,06	0,55	1,29	0,012	0,011	0,00	n.b.	0,13	16,61
230 f	SK	4988	D	B 10657	0,06	HF	0,06	24,5	0,06	0,55	1,29	0,012	0,011	0,00	n.b.	0,13	16,61
230 a	SJ	4988	D	28522	8,525	LE	0,505	20 ⌀	0,07	0,52	1,43	0,022	0,011	0,06	n.b.	0,21	17,10
31 a	YJ		D	V 468	0,310	LE	0,155	20 ⌀	0,10	0,94	1,48	0,012	0,007	0,25	0,09	0,15	16,70
31 b	YK		D	V 535	0,265	LE	0,265	20 ⌀	0,06	0,56	1,17	0,012	0,011	0,08	0,12	0,09	16,86
32 a	CS		C	5026	5,00	LE	0,155	22	0,06	0,35	1,58	0,021	0,007	0,04	n.b.	2,04	15,60
132 a	CR		C	5026	5,00	LE	0,155	22	0,06	0,35	1,58	0,021	0,007	0,04	n.b.	2,04	15,60
132 b	OR		C	5026	5,00	LE	0,155	22	0,06	0,35	1,58	0,021	0,007	0,04	n.b.	2,04	15,60
132 c	OZ-B		C	5026	5,00	LE	0,155	22	0,06	0,35	1,58	0,021	0,007	0,04	n.b.	2,04	15,60
34 a	TR		C	2903	0,3	HF	0,28	20	0,37	1,48	0,99	0,020	0,017	0,05	n.b.	10,75	14,00
34 b	TS		D	V 393	0,375	LE	0,125	20 ⌀	0,36	0,89	0,88	0,028	0,012	0,06	n.b.	10,27	15,18
34 bs	TSS		D	V 393	0,375	LE	0,125	20 x 90	0,36	0,89	0,88	0,028	0,012	0,06	n.b.	10,27	15,18
134 a	VR		C	2903	0,3	HF	0,28	20	0,37	1,48	0,99	0,020	0,017	0,05	n.b.	10,75	14,00
134 b	VS		D	V 393	0,375	LE	0,125	20 ⌀	0,36	0,89	0,88	0,028	0,012	0,06	n.b.	10,27	15,18
70 a	ZJ		D	V 464	0,310	LE	0,155	20 ⌀	0,11	0,79	1,54	0,012	0,011	0,24	n.b.	19,15	16,35
70 d	ZM		D	V 464	0,310	LE	0,155	20 ⌀	0,11	0,79	1,54	0,012	0,011	0,24	n.b.	19,15	16,35
70 b	ZK		D	V 597	0,265	LE	0,265	20 ⌀	0,06	0,46	1,42	0,012	0,007	0,10	n.b.	18,15	16,51
70 e	ZL		D	V 597	0,265	LE	0,265	20 ⌀	0,06	0,46	1,42	0,012	0,007	0,10	n.b.	18,15	16,51
70 c	ZR		D	10323	0,060	HF	0,060	20 ⌀	0,05	0,70	1,30	0,012	0,020	0,03	n.b.	20,38	16,85
71 a	KS		D	10323	0,060	HF	0,060	20,5 ⌀	0,05	0,70	1,30	0,012	0,020	0,03	n.b.	20,38	16,85
170 a	LR		C	6123	0,30	HF	0,15	20	0,17	0,41	1,94	0,022	0,013	0,00	0,00	19,35	20,35
78 a	AR		C	7221	0,30	HF	0,15	20 ⌀	0,41	0,75	1,35	0,017	0,008	0,02	0,00	42,00	20,00
78 b	AS		D	V 394	0,375	LE	0,125	20 ⌀	0,39	0,63	0,57	0,020	0,014	0,00	n.b.	39,94	19,70
79 a	BS		D	16600	7,8	LE	0,155	20 ⌀	0,27	1,06	0,63	0,012	0,012	0,00	n.b.	43,03	20,30
79 b	BR		C	7220	0,3	HF	0,150	20 ⌀	0,27	0,71	1,18	0,014	0,013	0,05	n.b.	45,45	20,20

Tabelle 1 (Blatt 3) VERSUCHSWERKSTOFFE, Stand vom 6.8.1956

Lfd. Nr.	Zei-chen	Stoff-Nr.	Her-stel-ler	Schmelzen			Abmessung	C	Si	Mn	P	S	Alges.	B	Co	Cr
				Nr.	Gewicht in t	Erschm. art	Block-gewicht in t									
88 a	NR		M	47/501/525	0,023		0,023	25 achtkt.	0,04	0,35	0,65	0,005	0,003	0,60	<0,01	0,10	21,00
88 b	NS		M	47/1356	0,023		0,023	20 achtkt.	0,04	0,55	0,65	0,005	0,004	0,60	<0,01	0,00	21,20
89 a	PR		M	532293	0,250		0,250	25 achtkt.	0,05	1,00	0,50	n.b.	nb.	n.b.	n.b.	22,30	17,00
89 z	PU		M	verschied.	-		-	45 achtkt.	0,06	n.b.	n.b.	n.b.	n.b.	n.b.	n.b.	25,00	15,00
89 y	PT		M	53/2665	0,250		0,250	45 achtkt.	0,04	0,75	0,65	n.b.	n.b.	n.b.	n.b.	24,50	14,30
89 b	PS		M	46/3230	0,250		0,250	20 achtkt.	0,029	0,85	0,85	0,005	0,023	0,20	n.b.	24,20	15,20
90 a	WU		M	47/1523	0,023		0,023	20 achtkt.	0,07	0,35	0,65	n.b.	n.b.	n.b.	n.b.	24,70	15,05
90 b	WS		M	45/1630	0,023		0,023	20 achtkt.	0,11	0,25	0,75	0,007	0,022	0,72	n.b.	24,80	15,00
90 c	WT		M	45/1629	0,023		0,023	20 achtkt.	0,05	0,25	0,80	n.b.	n.b.	n.b.	n.b.	24,80	15,30

							Lfd. Nr.	Wärmebehandlung (Nachbehandlung von Schweißungen)	$\sigma_S^{1)}$ kg/mm^2	σ_B kg/mm^2	$\delta_5^{2)}$ %	ψ %	HB 30/5 kg/mm^2	α_k kgm/cm^2
Mo	N$_2$	Nb/Ta	Ni	Ti	V	W		1) bedeutet $\sigma_{0,2}$; 2) bedeutet δ_3						
1,30	0,141	1,24	21,49	n.b.	0,85	Sp.	30 a	30' 1130°/W; 5 h 750°/L	36	65,3	37	63	-	16
1,30	0,141	1,24	21,49	n.b.	0,85	Sp.	30 z	30' 1150°/W; 5 h 750°/L	35,4	63,5	37	56	201	13,8
1,39	0,117	0,89	21,98	n.b.	0,65	0,00	30 b	30' 1130°/W; 5 h 750°/L	37	62	26	28	-	24,3
1,46	0,136	0,81	20,36	n.b.	0,85	0,00	30 c	30' 1130°/W; 5 h 750°/L	40,5	67,5	35	60	202	13,4
1,46	0,136	0,81	20,36	n.b.	0,85	0,00	30 d	30' 1130°/W; 12-15 % wk-gesch. 5 h 750°/L	84	88,5	15	50	281	6,5
1,21	0,138	0,94	13,52	n.b.	0,75	0,00	130 a	30' 1130°/W; 5 h 750°/L	36,6	67,1	43	67	192	21,5
1,21	0,138	0,94	13,52	n.b.	0,75	0,00	130 bs	ohne	44	68	24	39	191	5,2
1,21	0,138	0,94	13,52	n.b.	0,75	0,00	130 cs							
1,34	0,058	0,68	13,50	0,05	0,73	0,00	130 d	30' 1130°/W; 5 h 750°/L	(25,5)	61,7	43	69	163	20,0
1,34	0,058	0,68	13,50	0,05	0,73	0,00	230 d	30' 1130°/W; 15 % wk-gesch. 5 h 750°/L	(45,8)	70	34	63	247	15,0
1,34	0,058	0,68	13,50	0,05	0,73	0,00	130 es	1 1/2 h 800°/L	42,1	64,4	33	60	-	9,2
1,49	0,137	0,77	13,02	n.b.	0,76	0,00	130 f	30' 1130°/W; 5 h 750°/L	40,5	67	41	63	193	17,5
1,49	0,137	0,77	13,02	n.b.	0,76	0,00	230 f	30' 1130°/W; 12-15 % wk-gesch. 5 h 750°/L	77,5	83,7	18	59	257	10,1
1,18	0,167	0,96	12,53	n.b.	0,76	Sp.	230 a	30' 1130°/W; 12-15 % k-gez.; 5 h 750°/L	82	93,6	21	51	284	8,1
2,00	0,105	1,30	20,20	n.b.	1,14	0,00	31 a	15' 1150°/W; 5 h 750°/L	43,3	68	30	43	183	8,2
1,38	0,106	0,95	21,52	n.b.	0,85	0,00	31 b	15' 1150°/W; 5 h 750°/L	33	67,5	33	39	189	10,2
1,47	0,033	0,42	14,45	n.b.	0,81	0,78	32 a	20' 1100°/W	27,8	59,6	50	73	198	35
1,47	0,033	0,42	14,45	n.b.	0,81	0,78	132 a	geschmiedet 1100-950° langs. abgekühlt	58,9	72,4	28	67	-	> 21,4
1,47	0,033	0,42	14,45	n.b.	0,81	0,78	132 b	wie 132 a + 690-780° + 10-20 % wk-gesch.	65,5	75,8	22	65	223	18,8
1,47	0,033	0,42	14,45	n.b.	0,81	0,78	132 c	geschmiedet bis 800°	56,4	70,5	31	71	-	21,1
1,62	0,014	3,39	12,15	n.b.	0,07	2,45	34 a	4 h 1230°/W; 48 h 700°/L	44,6	76,5	30	46	215	9,4
1,97	0,014	3,13	13,41	n.b.	Sp.	3,14	34 b	4 h 1230°/Öl; 48 h 700°/L	42	70	24	36	207	7,7
1,97	0,014	3,13	13,41	n.b.	Sp.	3,14	34 bs	ohne	(44,8)	64,6	12	19		
1,62	0,014	3,39	12,15	n.b.	0,07	2,45	134 a	% wk-gesch.; 48 h 700°/L	70,7	89,1	23	34	255	7,8
1,97	0,014	3,13	13,41	n.b.	Sp.	3,14	134 b	4 h 1230°/Öl; 12-15 % wk-gesch.;48h 700°/L	84	89,7	6	17	314	3,5
2,68	0,14	1,34	18,75	n.b.	1,05	2,60	70 a	1 h 1150°/W; 5 h 750°/L	40,8	80,3	36	50	208	11,1
2,68	0,14	1,34	18,75	n.b.	1,05	2,60	70 d	wie 70 a + 20' 1250°/W; 50 h 750°/L	(40)	81,4	(31)	27	227	4,6
2,76	0,132	1,24	19,17	n.b.	1,12	1,71	70 b	1 h 1150°/W; 5 h 750°/L	43	76,4	36	59	207	16,2
2,76	0,132	1,24	19,17	n.b.	1,12	1,71	70 e	wie 70 b + 20' 1250°/W; 50 h 750°/L	49,5	74	34	44	-	-
2,61	0,14	1,17	20,70	n.b.	1,07	2,69	70 c	30' 1250°/W; 50 h 750°/L	55,6	80,5	27	33	226	5,9
2,61	0,14	1,17	20,70	n.b.	1,07	2,69	71 a	1 h 1160°/W; 12 % wk-gesch.; 5 h 750°/L	90	98	19	51	-	5,3
3,07	0,058	1,50	20,15	0,05	0,05	2,25	170 a	1230°/L; 5 h 750°/L	33,8	73,3	43	50	189	15,5
3,9	0,029	3,45	20,05	0,00	0,00	4,7	78 a	1 h 1200°/L; 5 h 750°/L	63,6	103,2	30	28	262	7,8
3,82	0,023	3,55	19,91	n.b.	Sp.	4,51	78 b	1 h 1240°/Öl; 5 h 750°/L	63,5	99,4	20	19	249	5,4
2,09	0,022	1,56	11,63	n.b.	3,40	0,00	79 a	1 h 1200°/Öl; 5 h 750°/L	66,5	101,2	30	36	268	3,9
2,37	0,025	1,57	12,3	0,00	2,88	n.b.	79 b	1 h 1200°/L; 5 h 750°/L	52,2	95,9	42	38	234	9,5

							Lfd. Nr.	Wärmebehandlung (Nachbehandlung von Schweißungen)	$\sigma_S^{1)}$ kg/mm^2	σ_B kg/mm^2	$\delta_5^{2)}$ %	ψ %	HB 30/5 kg/mm^2	α_k kgm/cm^2
Mo	N$_2$	Nb/Ta	Ni	Ti	W	Fe		1) bedeutet $\sigma_{0,2}$; 2) bedeutet δ_3						
0,00	0,014	0,00	74,30	2,10	0,00	0,50	88 a	8 h 1080°/L; 16 h 700°/L	55	105,2	45	44	263	16
0,00	0,017	0,00	74,20	2,15	0,00	0,50	88 b	8 h 1080°/L; 16 h 700°/L	(54,7)	100,9	40	36	242	13,7
4,50	n.b.	n.b.	35,65	1,70	4,5	12,1	89 a	3 h 1250°/W; 70 h 700°/L	-	-	-	-	226	-
4,8	n.b.	n.b.	35,5	1,50	4,8	13,3	89 z	3 h 1250°/W; 70 h 700°/L	(52)	88,5	40	40	-	13,5
4,75	n.b.	n.b.	36,70	1,90	4,45	11,2	89 y	3 h 1250°/W; 70 h 700°/L	-	-	-	-	-	7,4
5,05	0,011	0,21	35,60	1,80	4,80	11,2	89 b	3 h 1250°/W; 70 h 700°/L	46,3	85,7	31	19	233	11,6
4,40	n.b.	Ta=5,20	34,75	n.b.	5,40	10,2	90 a	3 h 1250°/W; 5 h 800°/L	(41)	86,8	62	51	207	-
4,45	0,017	Ta=5,30	35,25	0,04	5,35	8,05	90 b	3 h 1250°/W; 5 h 800°/L	(40)	83,5	54	52	207	16,3
4,45	n.b.	Ta=5,35	35,30	n.b.	5,45	8,25	90 c	3 h 1250°/W; 5 h 800°/L	-	-	-	-	-	-

Tabelle 2 (Blatt 1) WARMFESTIGKEIT und KERBSCHLAGZÄHIGKEIT   Stand vom 6.8.1956

Lfd. Nr.	Stoff-Nr.	Kerbschlagzähigkeit bei Rt in kgm/cm²						$\sigma_{0,2}^{1)}$ kg/mm²	σ_B kg/mm²	$\delta_5^{2)}$ %	ψ %	$\sigma_{DVM}^{3)}$ kg/mm²	$\sigma_{0,2}^{1)}$ kg/mm²	σ_B kg/mm²	$\delta_5^{2)}$ %
		Anlieferung	nach 1000 h Glühung bei					500°					550°		
			500°	550°	600°	650°	700°								
AJ 21 a	4550	>21,4	-	-	19	15	-	(14,9)	45,2	30	66	14	(14,6)	44,9	33
AK 21 a	4550	>21,4	-	-	19	15	-	-	-	-	-	-	-	-	-
AKS 21 as	4550		-	-	4,9	9,4	-	-	-	-	-	-	-	-	-
21 b	4550		-	-	-	-	-	-	-	-	-	-	-	-	-
22 b	4541	31	-	28,2	26	25,8		-	-	-	-	(17)	-	-	-
122 b	4541	28,7	-	-	28,5	22,3	20,5	-	-	-	-	(14)	-	-	-
22 c	4961	>21,4	-	-	19,9	20,1	20,2	(14,3)	44,2	32	65	14	(13,8)	44,1	32
22 d	4961	9	-	-	-	-	-	-	-	-	-	-	-	-	-
22 ds	4961	-	-	-	-	-	-	-	-	-	-	-	-	-	-
22 e	4961	28,3	-	-	-	-	-	-	-	-	-	-	-	-	-
22 f	4961	-	-	-	-	-		-	-	-	-	-			
122 c	4961	20,4	18,4	18,4	16,7	-	-					(34)			
23 b	4972	35,1	-	31,4	30,6	22,6	-	-	-	-	-	(17)			
24 a	4982	>21,4	21,4	>21,4	>21,4	14	7,1	(16,3)	48,8	34	67	17	(16,3)	48,7	35
24 b	4982	26,5	-	-	25,1	17,4	-	-	-	-	-	(17)	-	-	-
24 ds	4982	-	-	-	-	-	-	-	-	-	-	-	-	-	-
24 e	4982	25,4	-	-	-	-	-	-	-	-	-	-	-	-	-
24 f	4982	-	-	-	-	-		-	-	-	-	-	-	-	-
24 g	4982		-	-	-	-		-	-	-	-	-	-	-	-
24 y	4982	23,2	-	-	19	15,4	10,6	-	-	-	-	-	-	-	-
24 z	4982	19,9	-	-	19	16,9	10,3	-	-	-	-	-	-	-	-
124 y	4981	25	-	-	19	17	15,1	-	-	-	-	-	-	-	-
124 z	4981	18	-	-	20	16,4	13,4	-	-	-	-	-	-	-	-
124 x	4981	24,7	-	-	16,5	17,3	11,7	-	-	-	-	-	-	-	-
124 w	4981	28	-	-	25	20	16	-	-	-	-	-	-	-	-
124 ws	4981	-	-	-	-	-	-	-	-	-	-	-	-	-	-
25 a	4808	7,5	-	6,2	6,4	-		-	-	-	-	-	(39,5)	51	30
25 b	4808	7,4	-	-	5	-	-	-	-	-	-	-	(27,2)	52,7	35
25 c	4808	>21,4	-	>21,4	14	7,5	-	-	-	-	-	-	13,8	44,8	δ_{10}=37
25 d	4808	17	-		-	-	-	-	-	-	-	-	(14,6)	35,2	37
26 b	4983	20	-	17,8	16,9	11	-	-	-	-	-	(17)	-	-	-
26 c	4983	18,3	-	17,7	17	10,7		-	-	-	-	-	16,6	50,3	δ_{10}=34
27 a	4983	12,5	-	11	10,1	8,4	-	-	-	-	-	(24)	-	-	-
27 b	4983	14,1	-	10,2	10	9,1	-	-	-	-	-	(29)	-	53,8	21
27 c	4983	18,3	-		17	10,7		-	-	-	-	-	-	49,4	35
28 a		11,2	-	10,9	10,8	10,4	9,9	-	-	-	-	(21,5)	-	-	-
28 b		15,8	-	16,2	14,5	14,6	-	-	-	-	-	(23)	-	43,8	32
128 a		11,1	-	-	-	-	5,1	-	-	-	-	(38)	-	-	-
29 a	4986	12,2	-	12,3	10,3	9,1	8,8	-	-	-	-	(24)	-	-	-
29 b	4986	16,7	-	15,5	14,2	13	10,3	-	-	-	-	(25)	-	43,8	28
129 a	4986	9,4	-	-	8,1	7,6	6,9	-	-	-	-	(37)	-	-	-
30 a	4987	16	-	17,2	14,1	15,3	8	-	-	-	-	(26)	-	-	-
30 z	4987	13,8	-	-	12,8	-	-	-	-	-	-	-	-	-	-
30 b	4987	24,3	-	-	-	-	-	-	-	-	-	-	-	-	-
30 c	4987	13,4	-	-	-	9,7	-	-	-	-	-	-	-	-	-
30 d	4987	6,5	-	-	-	5,4	-	-	-	-	-	-	-	-	-

1) ( ) bedeutet σ_S 3) ( ) begrenzt durch bl. Dehnung
2) ( ) bedeutet δ_3

bei:

$\sigma_{DVM}^{3)}$ kg/mm²	600° $\sigma_{0,2}^{1)}$ kg/mm²	σ_B kg/mm²	$\delta_5^{2)}$ %	ψ %	$\sigma_{DVM}^{3)}$ kg/mm²	650° $\sigma_{0,2}^{1)}$ kg/mm²	σ_B kg/mm²	$\delta_5^{2)}$ %	ψ %	$\sigma_{DVM}^{3)}$ kg/mm²	700° $\sigma_{0,2}^{1)}$ kg/mm²	σ_B kg/mm²	$\delta_5^{2)}$ %	ψ %	$\sigma_{DVM}^{3)}$ kg/mm²	
12,1	(14)	43,2	33	67	12	(13,4)	42,1	29	67	10	-	-	-	-	-	21 a
-	12,7	37	δ_{10}=29	68		11,6	34,1	δ_{10}=29	68		-	-	-	-	-	21 a
-	16	36	δ_{10}=25	58		16	33,1	δ_{10}=21	58		-	-	-	-	-	21 as
-	-	-	-	-		-	-	-	-	-						21 b
(6)	16,6	36,0	δ_4=43	72	(15)	15,8	31,2	45	72	(11)	15,3	24,0	(66)	70	8	22 b
(3)					(11)	10,6	28,8	(46)	66	(8)					(5)	122 b
12,5	(12,5)	42,1	29	64	11	(11,5)	41,8	31	60	8	13,3	29,8	38	66		22 c
-	-	-	-	-	-	-	-	-	-	-	-	-	-	-	-	22 d
-	-	-	-	-	-	-	-	-	-	-						22 ds
-	-	-	-	-	-	-	-	-	-	-						22 e
-	-	-	-	-	-					-						22 f
52)	39,7	47,9	18	60	(30)	-	-	-	-	23	-	-	-	-	-	122 c
(6)	17,0	42,3	δ=39	69	(15)	17,9	37,7	40	70	(13)	-	-	-	-	11	23 b
15	(15,6)	47,2	31	64	13	(15,2)	45,7	δ_{10}=32	64	10	14,3	32,3	43	70	-	24 a
(6)	18,6	41,7	28	51	(15)	18,5	34,5	(44)	62	(14)	-	-	-	-	12	24 b
-	26,7	43,7	(54)	51	-	-	-	-	-	-	-	-	-	-	-	24 ds
-	-	-	-	-	-	-	-	-	-	-						24 e
-	-	-	-	-	-	-	-	-	-	-						24 f
-						-	-	-	-							24 g
(5)						13,3	36,8	(42)	64		13,2	33,1	(44)	45		24 y
(3,5)						16,8	41,5	(42)	58		15,9	31,5	(39)	48		24 z
						-	34,5	(36)	64		-	32,2	(36)	45		124 y
(4)						14,6	37,5	(39)	48		-	33,6	(36)	50		124 z
(3)						15,9	40,2	(45)	67		14,2	33,6	(42)	50		124 x
-	-	-	-	-	-	(17,7)	40,3	(47)	70		(13,7)	33,3	(52)	77		124 w
-	-	-	-	-	-	-	-	-	-	-	-	-	-	-	-	124 ws
33	(40,2)	53,4	24	-	23	(38,4)	44,3	27	-	15						25 a
-	(25,8)	50,3	31	-	23	(25)	46,4	30	-		-	-	-	-	-	25 b
13	(14,3)	48,4	40	71	12	(13,7)	45	38	71	9,8	16,2	36,1	27	59		25 c
-	(14,7)	30	36	-	-	(14,7)	29,5	35	-	-						25 d
(6)	19,8	52,7	34	52	(15)	-	-	-	-	12	-	-	-	-	10	26 b
17,4	(19,5)	52,6	26	58	20,5	(18,9)	52,3	26	60	15	16,2	36,1	δ_{10}=27	59		26 c
(3)	38,0	52,7	21	49	22	35,2	43,0	(28)	56	18	-	-	-	-	12	27 a
(8)	-	51,8	20	56	27	-	-	-	-	21	-	-	-	-	13	27 b
	28,5	48,5	30	59	20,5	-	-	-	-	-						27 c
0	22,8	44,3	26	47	(19)	-	-	-	-	(18)	21,5	33,8	(36)	52	15	28 a
(2)	-	-	-	-	(21)	19,8	41,0	27	52	(19)	-	-	-	-	15	28 b
(7)	-	-	-	-	(35)	-	-	-	-	29					23	128 a
(2)	26,0	49,7	30	58	(20)	21,2	47,3	(31)	48	18	21,5	37,6	(39)	55	15	29 a
(3)	-	-	-	-	(20)	19,2	44,2	28	58	19					15	29 b
(5)	45,1	54,4	15	44	31	-	53,7	(20)	45	25					20	129 a
(5)	-	-	-	-	(22)	-	-	-	-	18	-	-	-	-	15	30 a
	-	-	-	-	-	-	-	-	-	-	-	-	-	-	-	30 z
	-	-	-	-	-	-	-	-	-	-						30 b
	-	-	-	-	-	25,2	42,2	(31)	48		-	-	-	-	-	30 c
	-	-	-	-	-	22,2	57,1	(10)	21		-	-	-	-	-	30 d

Tabelle 2 (Blatt 2) WARMFESTIGKEIT und KERBSCHLAGZÄHIGKEIT   Stand vom 6.8.1956

Lfd. Nr.	Stoff-Nr.	Kerbschlagzähigkeit bei Rt in kgm/cm² nach 1000 h Glühung bei:						Zugversuch und DVM - Kriechgrenze bei:							
								500°					550°		
		Anlieferung	500°	550°	600°	650°	700°	$\sigma_{0,2}^{1)}$ kg/mm²	$\sigma_B^{2)}$ kg/mm²	$\delta_5^{2)}$ %	ψ %	$\sigma_{DVM}^{3)}$ kg/mm²	$\sigma_{0,2}^{1)}$ kg/mm²	$\sigma_B^{2)}$ kg/mm²	$\delta_5^{2)}$ %
130 a	4988	21,5	17	18,5	12,4	11,1	-	-	-	-	-	(23)	-	-	-
130 bs	4988	5,2	-	4,2	3	2,1	-	-	-	-	-	-	-	-	-
130 cs	4988	-	-	-	-	-	-	-	-	-	-	-	-	-	-
130 d	4988	20	-	20,7	20	16,2	-	22,4	46,5	δ_{10}=30	63	-	14,8	46,9	δ_{10}=32
230 d	4988	15	-	11,9	13,3	10,5	-	39,7	53,5	δ_{10}=15	55	-	36	49,9	δ_{10}=16
130 es	4988	9,2	-	-	-	-	-	-	-	-	-	-	-	-	-
130 f	4988	17,5	-	-	-	11,6	-	-	-	-	-	-	-	-	-
230 f	4988	10,1	-	-	-	7,4	-	-	-	-	-	-	-	-	-
230 a	4988	8,1	-	8,9	8,5	7,7	-	-	-	-	-	(47)	-	-	-
31 a		8,2	-	8,2	7,7	6,6	-	-	-	-	-	(29)	-	-	-
31 b		10,2	-	9,9	9,6	9	-	-	-	-	-	(22)	22,8	52,2	(34)
32 a		>35	-	-	-	-	-	-	-	-	-	-	-	-	-
132 a		>21,4	-	-	-	>21,4	-	-	-	-	-	-	-	-	-
132 b		18,8	-	-	-	>21,4	-	-	-	-	-	-	-	-	-
132 c		21,1	-	-	-	-	-	-	-	-	-	-	-	-	-
34 a		9,4	-	-	-	4,4	1,8	-	-	-	-	-	-	-	-
34 b		7,7	-	-	-	7,9	-	-	-	-	-	-	-	-	-
34 bs		-	-	-	-	-	-	-	-	-	-	-	-	-	-
134 a		7,8	-	-	-	-	-	-	-	-	-	-	-	-	-
134 b		3,5	-	-	-	-	-	-	-	-	-	-	-	-	-
70 a	4999	11,1	-	4,5	8,2	5,2	2,6	-	-	-	-	(32)	-	-	-
70 d	4999	-	-	-	-	-	-	-	-	-	-	-	-	-	-
70 b	4999	16,2	-	16,1	13,7	10,2	-	-	-	-	-	(28)	-	59	34
70 e	4999	-	-	-	-	-	-	-	-	-	-	-	-	-	-
70 c	4999	5,9	-	-	-	-	-	-	-	-	-	-	-	-	-
71 a	4999	5,3	-	-	-	-	-	-	-	-	-	-	-	-	-
170 a		9	-	-	-	4,7	3,2	-	-	-	-	-	-	-	-
78 a		7,8	-	-	-	2,0	1,7	-	-	-	-	-	-	-	-
78 b		5,4	-	-	-	-	3,2	-	-	-	-	-	-	-	-
79 a		3,9	-	-	-	-	1,5	-	-	-	-	-	-	-	-
79 b		9,5	-	-	-	-2,7	1,6	-	-	-	-	-	-	-	-

Tabelle 2 (Blatt 3) WARMFESTIGKEIT und KERBSCHLAGZÄHIGKEIT   Stand vom 6.8.1956

Lfd. Nr.	Stoff-Nr.	Kerbschlagzähigkeit bei Rt in kgm/cm² nach 1000 h Glühung bei:						600°					650°		
		Anlieferung	600°	650°	700°	750°	800°	$\sigma_{0,2}^{1)}$ kg/mm²	$\sigma_B^{2)}$ kg/mm²	$\delta_5^{2)}$ %	ψ %	$\sigma_{DVM}^{3)}$ kg/mm	$\sigma_{0,2}^{1)}$ kg/mm²	$\sigma_B^{2)}$ kg/mm²	$\delta_5^{2)}$ %
88 a		16	-	-	-	-	-	-	71,5	11	20	-	-	-	-
88 b		13,7	-	-	-	-	-	-	-	-	-	-	-	-	-
89 a		-	-	-	-	-	-	-	-	-	-	-	-	-	-
89 z		13,5	-	-	-	-	-	-	-	-	-	-	-	-	-
89 y		7,4	5,4	-	-	-	-	-	-	-	-	-	-	-	-
89 b		11,6	-	-	-	-	-	-	-	-	-	-	-	-	-
90 a		-	-	-	-	-	-	-	-	-	-	-	-	-	-
90 b		16,3	-	-	-	-	-	-	-	-	-	-	52,4	72,9	15
90 c		-	-	-	-	-	-	-	-	-	-	-	-	-	-

				1) ( ) bedeutet σ_S				3) ( ) begrenzt durch bl. Dehnung						
				2) ( ) bedeutet δ_3										
		600°					650°					700°		
$\sigma_{DVM}^{3)}$ kg/mm²	$\sigma_{0,2}^{1)}$ kg/mm²	σ_B kg/mm²	$\delta_5^{2)}$ %	ψ %	$\sigma_{DVM}^{3)}$ kg/mm²	$\sigma_{0,2}^{1)}$ kg/mm²	σ_B kg/mm²	$\delta_5^{2)}$ %	ψ %	$\sigma_{DVM}^{3)}$ kg/mm²	$\sigma_{0,2}^{1)}$ kg/mm²	σ_B kg/mm²	$\delta_5^{2)}$ %	ψ %	$\sigma_{DVM}^{3)}$ kg/mm²	
(22)	-	47,4	33	59	(21)	22,8	46,5	30	55	18	-	-	-	-	-	130 a
-	-	-	-	-	-	-	-	-	-	-	-	-	-	-	-	130 bs
-	-	-	-	-	-	-	-	-	-	-	-	-	-	-	-	130 cs
	14,8	43,4	δ_{10}=32	60		14	31	δ_{10}=29	59		12,7	38,1	δ_{10}=28	48	-	130 d
	29,7	43,3	δ_{10}=49	62		34	44,6	δ_{10}=16	59		29,3	38,8	δ_{10}=23	62	-	230 d
																130 es
-	-	-	-	-		25,6	42,6	(35)	51	-	-	-	-	-	-	130 f
-	-	-	-	-		48,1	57,0	(13)	31	-	-	-	-	-	-	230 f
(45)				42		51,6	56,2	(21)	51	38	-	-	-	-	-	230 a
(27)	26,3	53,7	27	45	(26)	-	-	-	-	(21)	-	-	-	-	-	31 a
(21)	20,8	48,7	(28)	36	(20)	20,5	47,2	30	54	(18)	-	-	-	-	-	31 b
-	-	-	-	-		15,9	44,2	(43)	61	-	-	-	-	-	-	32 a
-	-	-	-	-	35	-	-	-	-	30	30,8	38,2	19	66	15	132 a
42	-	-	-	-	42	-	-	-	-	40	29,8	44,6	25	68		132 b
-	-	-	-	-		34,4	47,9	27	66	-	-	-	-	-	-	132 c
-	(31,2)	61,7	δ_{10}=25	36	-	(31,7)	59,9	δ_{10}=24	36	-	22,7	40,8	30	48		34 a
-	-	-	-	-		30,1	46,7	22	23							34 b
																34 bs
-	-	-	-	-	-	-	-	-	-	24,4	44,2	46,8	28	51	14,8	134 a
-	-	-	-	-							28,7	58,3	(3,9)	5,2		134 b
(30)	-	63,0	39	47	(28)	22,1	57,5	(33)	43	20	28,3	48,3	(40)	52	16	70 a
-	-	-	-	-	-	-	-	-	-	-	-	-	-	-	-	70 d
(27)	26,1	59,3	32	59	(25)	25,8	51,6	31	53	19	-	-	-	-	15	70 b
-	-	-	-	-	-	-	-	-	-	-	-	-	-	-	-	70 e
-	-	-	-	-	-	-	-	-	-	-	-	-	-	-	-	70 c
-	-	-	-	-	-	-	-	-	-	-	-	-	-	-	-	71 a
-	-	-	-	-		31,8	53,5	δ_{10}=26	47		31,2	50,3	δ_{10}=27	51		170 a
-	35,3	76,4	22	17		33,4	68,8	16	19		31,4	53,5	11	17		78 a
-	-	-	-	-		-	-	-	-	-	26,3	60	26	24		78 b
-	-	-	-	-	-	-	-	-	-		33	57,3	20	24		79 a
-	29,8	72,8	33	30		29,8	72,3	26	18		28,8	57,8	19	24		79 b

				1) ( ) bedeutet σ_S				3) ( ) begrenzt durch bl. Dehnung						
				2) ( ) bedeutet δ_3										
h und DVM - Kriechgrenze bei:		700°					750°					800°			
$\sigma_{DVM}^{3)}$ kg/mm²	$\sigma_{0,2}^{1)}$ kg/mm²	σ_B kg/mm²	$\delta_5^{2)}$ %	ψ %	$\sigma_{DVM}^{3)}$ kg/mm²	$\sigma_{0,2}^{1)}$ kg/mm²	σ_B kg/mm²	$\delta_5^{2)}$ %	ψ %	$\sigma_{DVM}^{3)}$ kg/mm²	$\sigma_{0,2}^{1)}$ kg/mm²	σ_B kg/mm²	$\delta_5^{2)}$ %	ψ %	$\sigma_{DVM}^{3)}$ kg/mm²	
-	-	-	-	-	-	-	-	-	-	-	-	-	-	-	-	88 a
-	-	-	-	-	-	-	-	-	-	-	-	-	-	-	-	88 b
-	-	-	-	-		-	-	-	-		-	-	-	-	-	89 a
-	-	-	-	-		-	-	-	-		-	-	-	-	-	89 z
-	-	-	-	-		-	-	-	-		-	-	-	-	-	89 y
	(31,4)	49,5	25	23		-	-	-	-		-	-	-	-	-	89 b
-	-	-	-	-	-	(26,2)	51	29	24		(24,7)	44,8	23	16		90 a
-	-	-	-	-		-	-	-	-		-	-	-	-	-	90 b
-	44,3	54,0	(55)	13	-	-	-	-	-		-	-	-	-	-	90 c

Tabelle 3 (Blatt 1) ZEITDEHNGRENZEN und ZEITSTANDFESTIGKEIT, Stand

Lfd. Nr.	Stoff- Nr.	Versuchs- temperatur in °C	0,2 % - Zeitdehngrenze in kg/mm² für			0,5 % - Zeitdehngrenze in kg/mm² für			1 % Zeitdehngrenze in kg/mm²	
			1000 h	10 000 h	25 000 h	1000 h	10 000 h	25 000 h	1000 h	10 000 h
AJ 21 a	4550	600	11,7	8,3	7,2	13,7	11,3	10,6	15,5	13,
AJ 21 a	4550	650	11,1	6,1		13,4	7,6		14,9	8,
AK 21 a	4550	600	9,6	7,8	6,7	11,5	10	9,1	13,7	11,
AK 21 a	4550	650		(6)			7,9			9,
AKS 21 as	4550	600	10,4	6,8		14,3	11,3	10,2	16,6	13
AKS 21 as	4550	650								
21 b	4550	700	6,4			8,9	4		10,5	4,
22 b	4541	600	11,1	6,8	(5,5)	14	8,6	6,7	16,1	10,
22 b	4541	650	7,9	(3,5)		10	4,4		11	5,
22 b	4541	700	4,8	(2,5)		5,9	(3)		6,7	(3,
122 b	4541	600								
122 b	4541	650								
122 b	4541	700								
22 c	4961	600	14	12	10,4	16,4	14,6	12,9	18,2	16
22 c	4961	650	11,7	6,9	4,5	13,7	11	6,3	15,5	13
22 c	4961	700	7,6	4,6	(3,7)	9	5,8	(4,5)	10	6
22 d	4961	600	22,4	18,1	16,1	24,6	21,3	18,4	26,3	23
22 d	4961	650	15,4			17,1				
22 ds	4961	600	20,6	14,3	10,9					
22 ds	4961	650	16,7	9,4	5,5					
22 e	4961	700	6	(2,7)		7,4	3,4		8,4	3
22 f	4961	700				(4,5)			5,3	
122 c	4961	500								
122 c	4961	550								
122 c	4961	600								
23 b	4972	550								
23 b	4972	600	13,4	10,4	8	15,3	12	9,9	17,6	13
23 b	4972	650	11,1	6,3	(3,4)	12,7	8,1	5,4	15	8
23 b	4972	700	8,5			10,7			11,9	
24 a	4982	550	16,5	15,4	13,3	18,7	17,3	16	20,3	19
24 a	4982	600	11,5	7,4	5	14,9	11,6	10,3	17,1	14
24 a	4982	650	10,4	5,6	3,3	13	7,6	5,9	15	8
24 a	4982	700	4,7			6,4			7,4	3
24 b	4982	600	14	10,5	(9)	16,4	13,3	(11)	18,4	14
24 b	4982	650	9,6	6,9	(4,3)	11,7	8,2	(6,4)	12,5	9
24 ds	4982	600	23	17,2		27,4	21		30,8	
24 ds	4982	650	20,5	8,5						
24 e	4982	700	7,7	3,7	2,8	9,4	5	3,5	10,5	5
24 f	4982	700	8	4,1	2,7	10	5,4	4,2	11,4	6
24 g	4982	700	5,5			6,5	4,3		8	5
24 y	4982	600	12,7	(10,9)		14,5	(12,5)		15,8	14
24 y	4982	650	10,6			13,2			15	
24 y	4982	700	7,4	5,2		8,6			9,3	
24 z	4982	600	12,2	(10,5)		14,2	(12,5)		17,3	(14
24 z	4982	650	10,8			12,7			14,6	
24 z	4982	700	6,8			7,8			8,7	

.7. 1955

( ) extrapoliert mit einer Genauigkeit von ± 1 kg/mm²

ze	Zeitstandfestigkeit in kg/mm²						Lfd. Nr.
	an Rundproben für			an Kerbproben für			
25 000 h	1000 h	10 000 h	25 000 h	1000 h	10 000 h	25 000 h	
12,3	22,7	17,2	15,2				21 a
	19,3	12,2	(10)	17,4			21 a
10,4	20,3	15,2	13,2				21 a
	19,7	11,5	(9)				21 a
12	20	14,5	12,7				21 as
	17,5						21 as
	12,5	6,3	4,2	12,8	5,8		21 b
7,6	20	12,7	10,2				22 b
	13,8	8,2	(6)				22 b
	9,1	4,9	3,7	10,6			22 b
							122 b
							122 b
							122 b
14,5	27	20,3	(17,5)				22 c
7,4	20,6	14,5	11,2				22 c
(4,8)	11,8	7,3	(6)				22 c
20,7	30,2	(25,5)	(23,5)				22 d
	(22)	(14)	(11)				22 d
	22,2	14,5	11				22 ds
	17,2	11	(8,2)				22 ds
	12,3	5,8	(4)				22 e
	8,1	(4,5)					22 f
							122 c
							122 c
							122 c
				40,6	30,3	(26,5)	23 b
10,8	27	15,5	12,4				23 b
6,8	18	11,3	(8)	21	14,5	12	23 b
	12,9	7,9	(6)				23 b
17,8	40,7	(33)					24 a
13	27	(19,5)	(18)				24 a
7,5	20,7	12,5	(8,7)	19,1	11,9		24 a
	10,8	6,2	(4,7)				24 a
(12,5)	28	20,5	(17)				24 b
(8)	18,5	12,2	8,7				24 b
	32,5						24 ds
	25,9	13,7					24 ds
4,5	13	8,5	(6,5)				24 e
4,9	16,9	9,2	6,4				24 f
	11,8	(6,6)					24 g
							24 y
	19,8	12,3	(10,3)				24 y
	15,8	10					24 y
							24 z
	19,3	(9,5)					24 z
	13,2	(7,5)					24 z

ze	Zeitstandfestigkeit in kg/mm²						Lfd. Nr.
	an Rundproben für			an Kerbproben für			
25 000 h	1000 h	10 000 h	25 000 h	1000 h	10 000 h	25 000 h	

Tabelle 3 (Blatt 2) ZEITDEHNGRENZEN und ZEITSTANDFESTIGKEIT, Stand

Lfd. Nr.	Stoff- Nr.	Versuchs- temperatur in °C	0,2 % - Zeitdehngrenze in kg/mm² für			0,5 % - Zeitdehngrenze in kg/mm² für			1 % Zeitde in kg/mm	
			1000 h	10 000 h	25 000 h	1000 h	10 000 h	25 000 h	1000 h	10
124 y	4981	600	11			13			14,7	
124 y	4981	650	10,6			13,1			15,3	
124 y	4981	700	7,3			8,4			9,2	
124 z	4981	600	11,7			13,4	11,2		15,4	13
124 z	4981	650	10,6	7		12,5	8,3		14,3	9
124 z	4981	700	6,7			7,4			8,6	
124 x	4981	600				16,1			18,2	
124 x	4981	650	8,5			10,2			12,1	
124 x	4981	700	7,5			8,8			10,1	
124 w	4981	750								
124 ws	4981	750								
25 a	4808	550	26,2	15,7	12,5	33	20,5	16,7	38	23
25 a	4808	700	6,3	2,1		8,5	3,7		10,8	5
25 b	4808	600	16,4	8,7	6,8	20	11	9,6	23	14
25 c	4808	550	11,4	9,6	8,9	13,3	11,8	10,8	15,6	13
25 c	4808	600								
25 c	4808	650	7,6	4,5		9,4	6,7		11,1	8
25 c	4808	700	5,3			6,4			7,1	4
25 d	4808	550	10,1	8,9	8,5	13	11,5	10,9	15,4	13
25 d	4808	600	9,1	(6,8)		11,7	9,2	(6,7)	13,5	10
25 d	4808	700	4,7	(2,7)	(2,1)	6	3,5	(2,6)	6,7	3
26 b	4983	600	8,4	6	4,8	12,5	8,5	7,5	15,1	11
26 c	4983	550	30	17,6	12,5	32,5	23	17	35,9	26
26 c	4983	650	12,2	6,6	(4,9)	18,7	8,8	(6,5)	(22,5)	11
26 c	4983	700	8	6,1		9,2			10,4	8
27 a	4983	600	14	6,6	4,4	18,4	12,6	11,3	21,3	15
27 a	4983	650	13,3	8,1	(6,4)	16,3	11,1	(9)	17,9	(
27 b	4983	550	30	23	19	34,5	30,6	28	36,8	33
27 b	4983	600	20,2	12,1	9,3	24,1	18	14,4	27,6	22
27 c	4983	550	21	14,4	11,9	25,8	18,5	15,4	29,1	21
27 c	4983	600	14,2			19,5			23	
27 c	4983	700	6,7	3,2		10,1	5,3		13,1	
28 a		600	14,5	10,5	8,5	18	15	13,3	20,7	18
28 a		700	10,6	(5)		12,1	6,1		13,3	
28 b		550	14,2	11,8	10,3	18	15,3	14	21	19
28 b		650	15,3	8,4	(5,9)	20	11,9	(8,5)	23,7	11
128 a		700	10,1	(5,2)		12,9			14,8	
29 a	4986	600	17,6	12,7	12	20,9	17,7	16,7	23	2
29 a	4986	650	19,2	11,9		22	14,3		23,4	1
29 a	4986	700	11,7	(5,2)		13,6	6,3	(4,7)	14,9	
29 b	4986	550	20,8	16,8	(14)	24	21	18,3	26,7	2
29 b	4986	650	16,5	8,4	(5,5)	17,8	11,1	(8)	20,8	1
129 a	4986	600								
129 a	4986	650								
129 a	4986	700	14,5	(7,2)		20,3	(9,9)		22,2	1

1955

( ) extrapoliert mit einer Genauigkeit von ± 1 kg/mm²

	Zeitstandfestigkeit in kg/mm²						Lfd. Nr.
	an Rundproben für			an Kerbproben für			
25 000 h	1000 h	10 000 h	25 000 h	1000 h	10 000 h	25 000 h	
	23,5	(19)					124 y
	19,2	(10,5)					124 y
	14	8,4					124 y
11,9							124 z
	17,7	11					124 z
	12,7	(8)					124 z
							124 x
	17,1	(9,5)					124 x
	12,5	(5,5)					124 x
							124 w
							124 ws
19,6	40	25,6	20		22,4	16,7	25 a
	13	7,1	(5)				25 a
11,4	25	15	(12)				25 b
12,4	30	24,3	(22)	30,6	23	20,3	25 c
							25 c
	16,8	10,8	(8,5)	19,3	12,9	(9)	25 c
	11,1	6,4	(5)				25 c
12,8	28,3	21,1	18,3				25 d
8,3	21,1	13,6	11,3	21			25 d
(3)	8,8	4,9	3,8				25 d
10	23,5	16,8	14,5				26 b
19,5	41	29	23		24,5	18,5	26 c
	34,3	19,4	14,2				26 c
	16,2	9,6	(8)				26 c
	28	19,4	(17)				27 a
10,2	22,8	15,4	(11)				27 a
31,8	41	36	34,5				27 b
18,4	34	28,3	(23)				27 b
18,3	40,5	29,5	26				27 c
	28,3	(24)					27 c
	16,4	(11,4)					27 c
16,9	31,5	25	22	35	24	19,8	28 a
	16,2	10	(7,5)				28 a
17,4	36,5	31	(28,5)				28 b
(9,8)	25,6	16	(10,9)	23,2	17	12,9	28 b
	15,9	(6,9)					128 a
19,8	35						29 a
	27	(21,3)	(18,4)				29 a
	18,3	(10,8)	(8,7)				29 a
21,6	41	36,5	(32,5)				29 b
(9,5)	25,8	(19)	(15,5)				29 b
							129 a
	(25,5)						129 a
	(23)	(13,2)	(10,1)				129 a

25 000 h	1000 h	10 000 h	25 000 h	1000 h	10 000 h	25 000 h	
	an Rundproben für			an Kerbproben für			
	Zeitstandfestigkeit in kg/mm²						

Tabelle 3 (Blatt 3) ZEITDEHNGRENZEN und ZEITSTANDFESTIGKEIT, Stand

Lfd. Nr.	Stoff-Nr.	Versuchs-temperatur in °C	0,2 % - Zeitdehngrenze in kg/mm² für			0,5 % - Zeitdehngrenze in kg/mm² für			1 % Zeitd in kg/m	
			1000 h	10 000 h	25 000 h	1000 h	10 000 h	25 000 h	1000 h	10
30 a	4987	550	18,7	16,5	(14,1)	22	19,4	17,4	24,7	2
30 a	4987	600								
30 a	4987	650	13,8	6,2	4,3	17,5	10	5,9	19,7	1
30 a	4987	700	8,3	3,1		11	4,5	(3)	12,9	
30 z	4987	600	16,2	12,7	11,7	19,5	15,8	14,5	21,5	1
30 b	4987	600								
30 b	4987	650	16,7			17,9			18,7	
30 c	4987	650								
30 d	4987	650								
130 a	4988	550								
130 a	4988	600	18,2	14,7	12	20,5	18,6	16	22,3	2
130 a	4988	650	20,5	8,4	(3)	21,5	13,4	8,7	23,6	1
130 a	4988	700	8,9	4,2	(2,8)	11,7	5,8	(4,1)	13,8	
130 bs	4988	550								
130 bs	4988	600								
130 bs	4988	650								
130 cs	4988	550								
130 cs	4988	600								
130 cs	4988	650								
130 d	4988	550								
130 d	4988	600								
130 d	4988	650								
230 d	4988	550								
230 d	4988	600								
230 d	4988	650								
130 ds	4988	550								
130 ds	4988	600								
130 ds	4988	650								
130 es	4988	550								
130 es	4988	600								
130 es	4988	650								
130 f	4988	650								
230 f	4988	650								
230 a	4988	550								
230 a	4988	600								
230 a	4988	650								
31 a		600	13,3	8,5	7	19,3	13,4	11,7	23,5	1
31 b		550	19,4	16,8	15,8	22	19,7	18,7	24	2
31 b		600	18,3	16	13,2	21	18,4	17	23,4	2
31 b		650	13,4	9,9	(8,5)	16,7	12,8	11,5	18,4	1
32 a		650	16,3	(10,5)		18,3	(12,5)		20,5	(1
32 a		700	10	(5)		12,8	(6)		13,3	(
132 a		700	6,5	(3)		10,3	(4)		12,8	(
132 b		700	6,6	(3)		9,8	4,4		12,9	
132 c		650	16,8	8,4	(5,5)	23,9	13,3	(9,5)	27,2	1

7. 1955

( ) extrapoliert mit einer Genauigkeit von ± 1 kg/mm²

nze	Zeitstandfestigkeit in kg/mm²						Lfd. Nr.
	an Rundproben für			an Kerbproben für			
25 000 h	1000 h	10 000 h	25 000 h	1000 h	10 000 h	25 000 h	
(20,5)	41,3	31,3	(27,5)				30 a
							30 a
7,5	27,2	20,7	12,1				30 a
(4)	18	9,2	(6,5)				30 a
16,6	28						30 z
							30 b
	21,1	15,1	(12,5)				30 b
	(14,2)						30 c
	(18)						30 d
							130 a
18,8	39,4	29,3	25,3	34,5	23,5		130 a
(11,7)	26,4	17,7	(15)				130 a
(5,2)	16,8	9	(6,7)				130 a
							130 bs
							130 bs
							130 bs
							130 cs
							130 cs
							130 cs
							130 d
							130 d
							130 d
							230 d
							230 d
							230 d
							130 ds
							130 ds
							130 ds
							130 es
							130 es
							130 es
							130 f
							230 f
							230 a
							230 a
							230 a
16,4	32,5	27,3	26				31 a
21	41,5	34,5	(32,5)				31 b
19,9	(33)						31 b
(13,5)	26,8	20,5	(17)				31 b
	27	(18,5)	(14,5)				32 a
	16	(9,4)					32 a
	18,4	(7)					132 a
	17,8	7,8	5,1				132 b
(12)	26,5	20,9	(16,5)				132 c

Lfd. Nr.	Stoff- Nr.	Versuchs- temperatur in °C	0,2 % - Zeitdehngrenze in kg/mm² für			0,5 % - Zeitdehngrenze in kg/mm² für			1 % Zeitdeh in kg/mm	
			1000 h	10 000 h	25 000 h	1000 h	10 000 h	25 000 h	1000 h	10
34 a		700	8,6	6,4	(5,4)	13,2	8,5	(7)	15,8	10
34 b		650								
34 bs		650								
34 bs		700								
134 a		700	8,7	4,1	(3,1)	14	6,9	4,9	17,6	9
134 b		650								
70 a		600	11,5	9,1	8,1	15,9	12,8	11,1	19,9	16
70 a		650	14,3	6,1		18,4	8,1		21,2	9
70 a		700	8	3,5		11	5,4		13,4	7
70 d		600	23	17,4	15,4	25,9	20	17,9	28,3	22
70 d		700								
70 b		550	25,5	22	19	28,1	24,8	22,6	30,3	26
70 b		600	21,6	13,5		24,3	17,5		26,3	19
70 b		650	12,9	7	4,1	16,7	10,7	8,5	19,9	13
70 e		650	21,5	10,7		23,1	13,8		23,7	16
70 c		700	14,7	6,2	(4,5)	18,8	9,6	(7,3)	20,7	11
71 a		700	21,3	14,5	(11)	24,2	19,3		26	19
170 a		650								
170 a		700								
78 a		700								
78 b		700								
79 a		700								
79 b		700								
88 a		600	28,5	10,6						
88 b		650	(21,4)	(12,8)						
88 b		700								
89 a		600								
89 a		700	17,7			20,1	14,8		22	1
89 b		650								
89 b		700								
89 z		600								
89 y		600								
90 b		650		26,5						
90 c		700		8,5	(5,8)		14,8	(10,8)		20

7. 1955

( ) extrapoliert mit einer Genauigkeit von ± 1 kg/mm²

ze	Zeitstandfestigkeit in kg/mm²							Lfd. Nr.
	an Rundproben für				an Kerbproben für			
25 000 h	1000 h	10 000 h	25 000 h	1000 h	10 000 h	25 000 h		
(8,4)	19,4	13,5	(11,2)					34 a
								34 b
								34 bs
								34 bs
6,4	21,8	13,8	10					134 a
								134 b
14,1	35,3	27,7	25					70 a
	28,3	18,8						70 a
	21	(13)						70 a
19,8	36,7	30	(27,5)					70 d
								70 d
24,6	44	39	36					70 b
		30						70 b
10,7	28,8	19,8	15,6					70 b
	25,6	20,7						70 e
(8,5)	22,6	15,8	(12,5)					70 c
	28,8	22,3	(18,6)					71 a
								170 a
								170 a
								78 a
								78 b
								79 a
								79 b
	45	(22)	(14)					88 a
		13,7	10,7	20,8	12,4	(9)		88 b
	16,4	7,6						88 b
	46	40,4	(38)					89 a
	22	16,5	(13,8)					89 a
	38,5	28,7						89 b
	26,2	16,6	12,4					89 b
	29	26	24,9	38,7	33,8	(32)		89 z
	40							89 y
	41,3	37,2						90 b
(14,8)	29,3	22,9	(18)					90 c

Forschungsberichte des Wirtschafts- und Verkehrsministeriums Nordrhein-Westfalen

Tabelle 4   Blatt 1

Stand der Versuche 30.4.1956

Lfd.Nr.	Werkstoff	Versuchs-temperatur in °C	Zugbean-spruchung in kg/mm²	Bruchzeit in Std.	Bruchdeh-nung in % (lo=3do)	Bruchein-schnürung in %	HV 30 in kg/mm²	Proben-form
21a AJ	4550	600	32,7	68	14,6	11,5	180	zylin-drisch
			20,8	1099	14,3	17,8	196	
			16,6	18024	8,3	6,7	196	
			13,0	50300^x				
		650	20,7	457	22,4	24,0		zylin-drisch
			16,6	2772	13,6	16,0		
			12,9	8221	22,4	25,0		
			10,4	18407^x				
		600	31,5	72			188	gekerbt
			10,0	50300^x				
		650	20,0	130			199	gekerbt
			16,0	4596			202	
			10,0	10717^x				
21a AK	4550	600	32,7	40	23,9	20,8	199	zylin-drisch
			20,8	971	20,4	23,7	203	
			12,9	34791	5,4	11,7	214	
			8,3	48700^x				
		650	16,6	2079	22,9	28,0	204	zylin-drisch
			10,4	14574	10,7	16,8	210	
			6,5	23696^x				
21as AKs	4550	600	32,7	10 Ʉ	9,6	9,9	183	geschw.
			20,7	605 Ʉ	8,0	13,2	186	
			13,0	23727 Ʉ	3,4	1,7	185	
			8,3	48700^x				
		650	16,0	2041 Ʉ	5,7	7,0	188	geschw.
			10,4	5814 Ʉ	1,7	5,0	201	
			6,4	20295^x				
		600	16,0	25982 S			185	geschw.+ gekerbt
			8,0	43500^x				
21b	4550	700	15,7	258	10,6	10,7		zylin-drisch
			12,3	1142	5,6	4,1		
			7,8	5984	6,9	7,8		
			4,9	18438	10,9	4,5	242	
			4,0	32200^x				
		700	15,8	478			228	gekerbt
			9,8	2010			243	
			6,2	8476			232	
			4,8	32608			242	

Forschungsberichte des Wirtschafts- und Verkehrsministeriums Nordrhein-Westfalen

Blatt 2

Lfd.Nr.	Werkstoff	Versuchs-temperatur in °C	Zugbean-spruchung in kg/mm^2	Bruchzeit in Std.	Bruchdeh-nung in % (lo=3do)	Bruchein-schnürung in %	HV 30 in kg/mm^2	Proben-form
22b	4541	600	31,5	26	42,7	30,8	180	zylin-drisch
			25,0	177	20,6	21,8	176	
			20,1	1058	13,1	14,2	181	
			16,1	2988	13,3	13,9	187	
			12,5	10495	16,0	17,8	183	
			10,1	26052	16,2	17,1	186	
			8,0	39700^x				
		650	20,0	175	27,5	28,0	168	"
			15,9	367	27,8	28,0		
			12,5	2336	21,7	29,0		
			10,0	3426	14,5	19,0		
			8,0	11941	18,4	17,8	214	
			6,3	23358^x				
		700	14,6	101	30,1	36,2		"
			12,1	296	27,7	33,6		
			9,9	310	37,2	38,0		
			9,7	556	25,8	29,3		
			7,8	1658	20,9	22,4		
			4,9	10029	15,0	(0)	166	
			4,0	20604	11,7	9,0		
		600	16,0	4918			181	gekerbt
		700	14,6	279			172	"
			12,2	664			176	
			9,7	1212			172	
			7,8	2766			174	
			4,9	16041			155	
122b	4541	600	31,0	69	33,5	34,4	154	zylin-drisch
			25,0	637	22,6	14,4	148	
			20,1	2164	18,2	18,5	152	
			16,0	3700^x				
		650	20,0	169	35,0	37,0	147	zylin-drisch
			10,1	2921^x				
		650	20,0	495			153	gekerbt

Forschungsberichte des Wirtschafts- und Verkehrsministeriums Nordrhein-Westfalen

Blatt 3

Lfd.Nr.	Werkstoff	Versuchs-temperatur in °C	Zugbean-spruchung in kg/mm^2	Bruchzeit in Std.	Bruchdeh-nung in % (lo=3do)	Bruchein-schnürung in %	HV 30 $_2$ in kg/mm	Proben-form
22c	4961	600	38,8	2	38,8	43,8	162	zylin-drisch
			31,3	142	14,5	16,4	160	
			19,9	12578	7,2	6,9	179	
			15,9	35400^x				
		650	19,9	1047	13,0	17,0		zylin-drisch
			16,0	6002	27,8	23,0	160	
			12,5	20531	36,2	38,0	155	
			10,0	32271	24,2	26,7	205	
			8,0	37768^x				
		700	21,0	10	17,5	27,0		zylin-drisch
			19,4	60	14,8	16,4		
			15,5	155	38,9	53,0		
			14,5	1291	20,5	22,5		
			12,1	1691	43,1	37,6		
			12,0	851	43,6	46,0		
			9,3	3645	30,3	45,0		
			7,8	11906	31,3	28,1		
			7,3	7687	34,3	33,0		
			6,2	17100^x				
		650	20,0	59			150	gekerbt
			16,0	10183				
22d	4961	600	31,5	628	15,3	21,8	202	zylin-drisch
			20,0	37700^x				
		650	16,1	5731	17,4	25,0	174	zylin-drisch
			10,0	32209^x				
22ds	4961	600	31,5	76 Ü	8,1	20,5	215	geschw.
			20,0	1492 Ü	5,4	8,2	194	
			16,0	9976 Ü	3,5	1,8	191	
			12,5	13831 Ü	2,4	1,8	201	
			8,0	37600^x				
		650	19,9	529 Ü	1,0	2,0	204	geschw.
			16,0	862 Ü	4,0	13,0	193	
			16,0	2183 Ü	5,0	3,0		
			12,5	5614 Ü	3,0	7,0	204	
			10,0	8336 Ü	1,6	2,5	212	
			8,0	35532^x				

Forschungsberichte des Wirtschafts- und Verkehrsministeriums Nordrhein-Westfalen

Blatt 4

Lfd.Nr.	Werkstoff	Versuchs-temperatur in °C	Zugbean-spruchung in kg/mm²	Bruchzeit in Std.	Bruchdeh-nung in % (lo=3do)	Bruchein-schnürung in %	HV 30 in kg/mm²	Probenform
22e	4961	700	15,5	242				
			12,2	1003	41,3	42,5		
			9,7	2572	41,2	37,3		zylindrisch
			7,8	4333	34,8	37,0		
			6,2	7796	39,0	27,5		
			4,9	16784	26,5	18,6		
			3,2	21500^x				
22f	4961	700	12,2	290	21,4	26,4		
			7,8	1034	23,2	33,4		zylindrisch
			4,8	7352	12,3	23,8		
122c	4961	600	31,0	4320	2,6	1,3	234	zylindrisch
23b	4972	600	31,3	544	28,2	32,4	180	
			25,0	1126	23,0	27,6	164	zylindrisch
			19,9	3572	24,0	26,7	183	
			10,0	44200^x				
		650	19,8	589	21,8	23,0	177	
			16,1	1869	15,5	17,0	182	
			12,5	6634	22,0	22,0	190	zylindrisch
			10,0	15607	22,5	21,0	188	
			8,0	31081^x				
		700	19,5	128	37,7	51,0	190	
			19,4	144	35,0	42,8		
			15,6	320	35,8	41,1	183	
			15,5	256	39,4	47,6	175	
			12,4	1069	8,0	2,8	187	zylindrisch
			10,0	3206	30,3	35,8	188	
			9,7	4737	14,8	19,1	197	
			8,0	10681	33,0	32,0	210	
		550	39,0	1612			176	
			30,9	7555			188	gekerbt
			24,2	41300^x				
		600	31,3	2100			180	
			16,0	24847			193	gekerbt
			10,0	44000^x				
		650	20,0	1744			174	
			16,0	6577			190	gekerbt
			12,5	23392			188	
			10,0	36434^x				

Forschungsberichte des Wirtschafts- und Verkehrsministeriums Nordrhein-Westfalen

Blatt 5

Lfd.Nr.	Werkstoff	Versuchstemperatur in °C	Zugbeanspruchung in kg/mm²	Bruchzeit in Std.	Bruchdehnung in % (lo=3do)	Brucheinschnürung in %	HV 30 in kg/mm²	Probenform
24a	4982	550	38,8	2738	22,0	30,8	184	zylindrisch
			24,3	45600^x				
		600	32,7	334	38,8	41,8	186	zylindrisch
			20,7	4792	35,8	35,2	189	
			16,5	46612	29,0	28,2	201	
		650	19,9	1467	35,0	50,0	186	zylindrisch
			16,7	3151	14,8	16,0		
			13,0	8615	43,0	48,0		
			10,4	13524	35,0	35,0		
			8,3	37768^x				
		700	20,3	32	52,0	64,0		zylindrisch
			19,4	220	38,0	43,9		
			15,5	120	53,0	64,0		
			14,6	1066	56,3	50,0		
			12,2	1145	57,9	53,4		
			11,9	860	29,3	46,0		
			9,3	1661	40,2	52,0		
			7,8	6266	22,0	23,7		
			7,3	4672	42,2	41,0		
			6,3	19078	8,3	13,0		
			5,6	13737	13,6	26,0	218	
			4,9	28800^x				
		550	24,3	45600^x				gekerbt
		600	31,5	493			177	gekerbt
			16,0	49500^x				
		650	19,9	763			202	gekerbt
			15,9	2286			195	
			12,5	4215^x				
		700	19,5	454			186	gekerbt
			7,8	10926			216	
			4,0	6200^x				
24b	4982	600	31,6	544	24,5	26,2	177	zylindrisch
			25,0	2523	31,5	38,6	185	
			20,0	10200	30,6	34,7	192	
			16,0	21900^x				
		650	19,8	583	38,0	42,0	198	zylindrisch
			15,9	2941	34,0	35,0	234	
			12,5	11583	41,0	36,0	231	
			10,0	15638	18,0	31,0	236	
			8,0	26180^x				

Forschungsberichte des Wirtschafts- und Verkehrsministeriums Nordrhein-Westfalen

Blatt 6

Lfd.Nr.	Werkstoff	Versuchs-temperatur in °C	Zugbean-spruchung in kg/mm^2	Bruchzeit in Std.	Bruchdeh-nung in % (lo=3do)	Bruchein-schnürung in %	HV 30 in kg/mm^2	Probenform
24ds	4982	600	31,6	1621 Ü	6,3	1,2	176	
			20,1	14941 Ü	4,3	10,7	193	geschweißt
		650	20,1	4073 Ü	1,6	3,3	195	
			16,3	8494 Ü	20,0	50,0	212	geschweißt
			12,5	8651 G	28,0	71,0	208	
			10,0	20948^x				
24e	4982	700	9,8	6436	82,5	75,0		
			7,8	13090	82,3	65,0		zylindrisch
			6,2	32100^x				
24f	4982	600	20,0	18873	13,7	14,6	179	zylindrisch
		700	14,6	2294	48,6	53,2		
			9,7	9351	77,2	77,5		
			7,8	26015	33,7	35,9	187	zylindrisch
			6,2	32100^x				
		600	19,9	33175			184	gekerbt
		700	14,5	3051			180	
			12,2	9642			187	gekerbt
			7,8	23400				
24g	4982	700	12,2	2392	19,2	24,9		
			7,8	4221	26,9	43,8		zylindrisch
			4,9	32100^x				
24y	4982	600	25,0	888	δ_f:11,5	31,1		
			20,0	12192	6,0	18,3		zylindrisch
			15,0	15720^x				
		650	21,0	437	δ_f:23,2	32,8	152	
			19,9	1551	27,0	28,0	187	
			17,0	2232	δ_f:31,2	42,2	152	
			16,0	2362	54,0	56,0	160	zylindrisch
			14,0	6834	δ_f:42,2	51,0	167	
			12,5	9240	48,0	47,0	210	
			8,0	15003^x				
		700	16,0	1551	44,0	51,0		
			15,0	528	δ_f:24,5	44,2		
			12,5	2322	42,0	47,0		
			10,0	3113	δ_f:35,0	49,0		
			10,0	11028	34,1	36,0	190	zylindrisch
			8,0	7725	δ_f:21,5	33,4		
			6,3	10004^x				

Blatt 7

Lfd.Nr.	Werkstoff	Versuchs-temperatur in °C	Zugbean-spruchung in kg/mm²	Bruchzeit in Std.	Bruchdeh-nung in % ($l_o=3d_o$)	Bruchein-schnürung in %	HV 30 in kg/mm²	Probenform
24z	4982	600	25,0	2518	$\delta_{f:}$ 7,9	16,5		zylindrisch
		650	21,0	363	$\delta_{f:}$21,6	22,5	149	
			20,0	941	13,0	14,0	171	
			17,0	1377	δ_{s}20,0	26,0	164	
			16,0	2490	33,0	33,0	206	zylindrisch
			12,5	3810	25,0	28,0	183	
			8,0	15003^x				
		700	16,1	901	31,0	28,0		
			15,0	360	$\delta_{s:}$17,5	29,4		
			12,5	1074	36,0	27,0		
			10,0	3334	$\delta_{s:}$21,8	32,5		zylindrisch
			10,0	3895	24,0	23,0		
			8,0	6335	δ_{s}10,2	26,6		
			6,3	10004^x				
124y	4981	600	25,0	672	$\delta_{f:}$8,0	17,2		
			20,0	7512	$\delta_{f:}$7,0	20,2		zylindrisch
			15,0	12960^x				
		650	21,0	435	$\delta_{f:}$25,2	36,0	151	
			20,2	1875	32,0	37,0	163	
			17,0	3019	δ_{s}24,4	36,0	157	
			16,1	2455	52,0	51,0	153	zylindrisch
			14,0	6592	δ_{s}37,8	65,3	144	
			12,5	5025	60,0	50,0	165	
			8,0	15003^x				
		700	21,0	30	$\delta_{f:}$51,2	53,8	147	
			16,0	1272	45,0	42,0		
			15,0	432	δ_{s}25,5	54,3		
			14,0	538	δ_{s}35,6	45,3	146	
			12,5	1564	44,0	35,0		zylindrisch
			10,0	2655	δ_{s}41,6	49,7	156	
			10,0	2877	$\delta_{s:}$27,5	43,8		
			10,0	5909	45,0	42,0		
			8,0	10223	$\delta_{s:}$22,0	34,4		
			6,3	10004^x				

Forschungsberichte des Wirtschafts- und Verkehrsministeriums Nordrhein-Westfalen

Blatt 9

Lfd.Nr.	Werkstoff	Versuchs-temperatur in °C	Zugbean-spruchung in kg/mm²	Bruchzeit in Std.	Bruchdeh-nung in % (lo=3do)	Bruchein-schnürung in %	HV 30 in kg/mm²	Probenform
25b	4808	600	32,7	483	5,3	3,4	333	zylindrisch
			20,7	1074	1,8	0	320	
			16,6	6225	2,3	0	304	
			10,4	50300[x]				
		600	31,7	239			351	gekerbt
			10,0	50200[x]				
25c	4808	550	38,9	32	28,2	26,3	218	zylindrisch
			30,9	647	18,9	20,5	223	
			24,3	11484	13,9	8,3	224	
			19,4	41100[x]				
		600	30,9	87	22,6	20,5	217	zylindrisch
			25,0	851	21,5	19,1	222	
			20,0	4701	16,2	16,0	231	
			16,0	3700[x]				
		650	20,0	302	33,0	31,0	256	zylindrisch
			16,0	1892	25,0	24,0	251	
			12,5	3476	28,0	23,0	251	
			10,0	13510	18,0	16,0	287	
			8,0	30252[x]				
		700	15,6	270	39,0	34,6		zylindrisch
			12,2	642	36,3	30,6		
			9,7	1726	45,3	34,7		
			8,0	4437	39,5	37,1		
			6,2	12532	23,8	25,4		
			4,0	13000[x]			218	
		550	24,2	5929			231	gekerbt
			19,4	34411			217	
			15,6	41000[x]				
		600	30,6	116			210	gekerbt
			20,1	4825			211	
			16,0	4800[x]				
		650	20,0	611			241	gekerbt
			15,9	5019			249	
			12,4	15219			251	
			10,0	18304			251	
			6,2	19733[x]				

Forschungsberichte des Wirtschafts- und Verkehrsministeriums Nordrhein-Westfalen

Blatt 10

Lfd.Nr.	Werkstoff	Versuchs-temperatur in °C	Zugbean-spruchung in kg/mm^2	Bruchzeit in Std.	Bruchdeh-nung in % (lo=3do)	Bruchein-schnürung	HV 30$_2$ in kg/mm^2	Probenform
25d	4808	550	31,1	415	19,4	21,6	192	zylindrisch
			24,4	3672	10,9	6,1	203	
			19,6	18236	8,3	5,9	227	
			15,6	34610	7,5	7,7	216	
			12,2	33400^x				
		600	31,6	44	23,6	18,6	206	zylindrisch
			31,7	234	16,3	15,6	205	
			25,1	354	18,4	13,9	199	
			16,1	3466	15,2	12,3	239	
			12,5	16043	12,6	11,0	240	
			8,0	31200^x				
		700	15,6	120	44,0	38,3		zylindrisch
			12,3	242	41,2	36,9		
			9,8	594	36,5	30,1		
			7,8	1082	23,1	17,1		
			6,2	4891	17,5	12,5		
			4,0	19250	10,3	12,5		
		600	31,7	114			198	gekerbt
			19,9	1012			220	
			12,6	17693			243	
			8,0	32400^x				
26b	4983	600	25,9	775	25,2	25,3	179	zylindrisch
			20,7	1676	56,8	54,0	181	
			16,6	14483	53,8	54,0	188	
			13,0	25200^x				
		600	25,0	350			174	gekerbt
			16,0	33500^x				
26c	4983	550	45,2	274	16,9	17,4		zylindrisch
			38,8	1694	7,5	13,0		
			30,8	6051	3,4	6,9		
			24,2	22655	3,4	2,1		
			19,4	41200^x				
		650	19,9	8254	19,0	40,0	212	zylindrisch
			16,0	21221^x				
		700	19,4	412	33,0	45,2		zylindrisch
			15,5	612	67,2	68,9		
			12,2	3891	54,7	73,3		
			9,7	9682	65,8	70,7	189	
			7,8	33100^x				

Forschungsberichte des Wirtschafts- und Verkehrsministeriums Nordrhein-Westfalen

Blatt 11

Lfd.Nr.	Werkstoff	Versuchs-temperatur in °C	Zugbean-spruchung in kg/mm²	Bruchzeit in Std.	Bruchdeh-nung in % (lo=3do)	Bruchein-schnürung in %	HV 30 in kg/mm²	Probenform
26c	4983	550	30,9	5034				gekerbt
			24,4	9095				
			19,5	22319				
			15,6	35100ˣ				
		650	20,0	1744			200	gekerbt
			16,0	19540ˣ				
		700	15,5	9712			212	gekerbt
			9,7	32400ˣ				
27a	4983	600	32,7	308	36,3	48,0	224	zylindrisch
			20,7	6034	27,3	28,1	225	
			16,0	4000ˣ				
		650	19,9	2678	21,0	31,0	222	zylindrisch
			16,0	8671	10,0	17,0	214	
			12,5	21118ˣ				
		600	25,9	3005			224	gekerbt
			15,8	49500ˣ				
27b	4983	550	38,8	2542	32,1	53,4	237	zylindrisch
			31,0	43600ˣ				
		600	39,1	34	32,4	50,8	244	zylindrisch
			31,6	2706	35,4	57,5	241	
			20,1	44200ˣ				
27c	4983	550	38,8	1684	12,6	8,9	205	zylindrisch
			30,8	6649	4,9	6,9	224	
			24,3	44500ˣ				
		600	31,6	202	11,1	14,0	193	zylindrisch
			24,9	7301	16,9	23,8	210	
			20,0	9900ˣ				
		700	20,3	77	26,1	44,0	201	zylindrisch
			15,5	1847	10,0	25,0	203	
			12,0	9199	23,8	56,0	181	
			7,3	16750ˣ				

Forschungsberichte des Wirtschafts- und Verkehrsministeriums Nordrhein-Westfalen

Blatt 12

Lfd.Nr.	Werkstoff	Versuchs-temperatur in °C	Zugbean-spruchung in kg/mm^2	Bruchzeit in Std.	Bruchdeh-nung in % (lo=3do)	Bruchein-schnürung in %	HV 30 $_2$ in kg/mm^2	Probenform
28a		600	32,8	675	33,3	36,3	182	zylindrisch
			26,2	6833	11,3	12,2	183	
			20,8	37400	6,7	9,6	189	
			16,6	49500^x				
		650	12,4	5193	46,0	50,0		
			10,1	9117	57,7	46,6	180	zylindrisch
			8,0	19768^x				
		600	31,5	2682			188	
			20,0	20348			183	gekerbt
			12,5	50500^x				
28b		550	39,1	316	17,0	13,9	183	
			31,0	11432	20,9	24,6	185	zylindrisch
			24,4	45200^x				
		650	20,0	4421	9,0	11,0	195	
			16,0	10290	10,0	16,0	182	zylindrisch
			12,5	18318	30,0	37,0	195	
			10,0	31429^x				
		550	50,0	6			181	gekerbt
			30,7	44900^x				
		650	20,0	3486			180	
			16,0	13602			210	gekerbt
			12,5	28166			220	
			10,0	30115^x				
128a		600	38,9	435	8,5	20,4	258	
			31,0	1679	2,2	3,1	253	
			25,1	2546	2,2	1,3	261	
			20,0	4610	1,8	0	264	zylindrisch
			12,5	3200^x				
		700	20,6	360	2,9	2,0	240	
			20,3	269			254	
			20,3	481	2,1	3,0	234	
			15,5	727	2,9	3,0	227	zylindrisch
			11,9	2910	2,6	3,0	222	
			9,3	5970	3,1	4,0	192	
			7,3	7192	3,9	5,0	190	

Forschungsberichte des Wirtschafts- und Verkehrsministeriums Nordrhein-Westfalen

Blatt 13

Lfd.Nr.	Werkstoff	Versuchs-temperatur in °C	Zugbean-spruchung in kg/mm^2	Bruchzeit in Std.	Bruchdeh-nung in % (lo=3do)	Bruchein-schnürung in %	HV 30$_2$ in kg/mm	Probenform
29a	4986	600	32,8	2050	38,8	57,5	199	zylindrisch
			25,8	49100^x				
		650	25,2	2567	33,0	52,0	198	zylindrisch
			20,1	17459^x				
		700	20,3	341	53,9	75,0	171	
			20,3	1024	40,4	72,0	191	
			15,6	1854	59,3	76,0	169	zylindrisch
			15,1	3156	66,8	76,7	175	
			11,9	6244	63,8	75,0	158	
			9,3	19382	60,8	76,0	161	
			7,3	7350^x				
		600	40,0	278			179	gekerbt
			20,0	48100^x				
29b	4986	550	45,7	134	38,3	37,6	200	
			39,2	4561	40,7	51,8	195	zylindrisch
			31,2	43600^x				
		650	20,2	6899	61,0	75,0	222	zylindrisch
			16,0	24265^x				
		650	20,0	13556			214	gekerbt
			16,0	19764^x				
129a	4986	600	39,1	2713	18,6	33,0	265	zylindrisch
			30,9	3500^x				
		700	20,3	2224	32,4	68,0	244	
			20,3	2484	28,1	65,0	250	
			15,5	6185	29,6	66,0	237	zylindrisch
			11,9	21000^x				
		600	38,7	1752			263	gekerbt
			30,7	3500^x				
30a	4987	550	45,0	482	21,1	16,1	188	
			38,9	2256	14,5	14,4	194	zylindrisch
			30,8	11368	14,1	14,9	189	
			24,3	25800^x				
		650	31,8	71	21,0	29,0	220	
			20,0	11097	47,0	67,0	175	
			16,0	14135	47,0	72,0		zylindrisch
			12,5	23997	78,0	73,0	185	
			10,0	38342^x				
		700	15,5	1718	50,0	68,9		zylindrisch
			9,7	8018	71,0	73,3		
			6,2	24100^x				

Forschungsberichte des Wirtschafts- und Verkehrsministeriums Nordrhein-Westfalen

Blatt 14

Lfd.Nr.	Werkstoff	Versuchs-temperatur in °C	Zugbean-spruchung in kg/mm²	Bruchzeit in Std.	Bruchdeh-nung in % (lo=3do)	Bruchein-schnürung in %	HV 30 $_2$ in kg/mm²	Probenform
30a	4987	550	31,1	6783			189	gekerbt
			24,4	22800^x				
		600	31,0	957			187	gekerbt
			25,0	3500^x				
		650	20,0	15225			185	
			16,0	19973			182	gekerbt
			12,5	23375			188	
			10,0	24281^x				
30b	4987	650	25,3	922	16,0	29,0	191	
			20,3	1481	27,0	32,0	191	zylindrisch
			16,1	7463	27,0	37,0	178	
			12,5	7297^x				
30c	4987	650	40,2	1	21,4	20,0	215	
			30,0	19	10,2	11,5	231	
			20,1	257	8,9	12,0	178	zylindrisch
			16,0	498	12,6	14,2	208	
			10,1	6071^x				
30d	4987	650	40,3	5	0,74	3,0	300	
			30,0	49	1,03	0,73	251	zylindrisch
			20,1	542	0,72	1,0	270	
			16,1	5011^x				
130a	4988	600	45,3	498	12,3	15,4	191	
			31,5	4314	8,6	9,6	208	zylindrisch
			25,0	29199	6,9	9,6	214	
			20,0	33300^x				
		650	20,0	3759	34,0	55,0	222	
			16,0	18287	27,0	37,0	218	zylindrisch
			12,5	29157	36,8	48,6	196	
		700	19,5	280	44,0	52,0		
			19,5	500	53,0	55,5		
			15,6	1400	54,0	57,6		zylindrisch
			14,6	2195	44,7	60,9		
			12,2	3243	46,2	53,1		
			9,8	14385	33,0	43,7		
			7,8	14398	38,5	49,6	194	
			4,0	32300^x				

Forschungsberichte des Wirtschafts- und Verkehrsministeriums Nordrhein-Westfalen

Blatt 15

Lfd.Nr.	Werkstoff	Versuchs-temperatur in °C	Zugbean-spruchung in kg/mm²	Bruchzeit in Std.	Bruchdeh-nung in % (lo=3do)	Bruchein-schnürung in %	HV 30 2 in kg/mm²	Probenform
130a	4988	600	31,6 25,1 19,9	1492 6682 33200^x			206 213	gekerbt
		650	19,8 16,0	12872 23737^x			247	gekerbt
130bs	4988	550	45,2 30,9	547 S 800^x	8,9	12,7	199	geschweißt
		600	38,9 30,9	96 Ü 588 S	8,9 4,55	12,7 9,9	178 200	geschweißt
		650	31,9 20,2 12,5	2 Ü 5148 Ü 5552^x	4,1 2,5	14,8 7,4	206 210	geschweißt
130f	4988	650	19,9 10,1	397 6809	15,0	24,0	216	zylindrisch
230f	4988	650	40,2 30,0 20,2 16,1	16 214 1163 7593^x	0,28 1,25 1,83	3,6 11,6 0,7	265 274 249	zylindrisch
230a	4988	550	30,9	3600^x				"
		600	38,9 31,0	2522 3500^x	2,9	4,8	299	zylindrisch
		550	30,9 19,5	1379 5400			301	gekerbt
		600	31,0 20,0 15,9	293 886 3700^x			293 295	gekerbt
31a		600	40,2 32,7 26,0 10,4	365 894 28430 50200^x	17,6 36,0 38,9	10,1 49,2 55,1	203 209 209	zylindrisch
		600	31,8 20,1	1281 32834^x			201	gekerbt
31b		550	45,3 39,4 31,0	414 1601 36400^x	16,5 11,7	12,0 8,8	195 208	zylindrisch
		650	20,0 15,9	11269 19958^x	42,0	56,0	193	zylindrisch
		550	30,9 24,9	29431 45200^x			200	gekerbt
		650	20,0	18605			176	gekerbt

Forschungsberichte des Wirtschafts- und Verkehrsministeriums Nordrhein-Westfalen

Lfd.Nr.	Werkstoff	Versuchs-temperatur in °C	Zugbean-spruchung in kg/mm²	Bruchzeit in Std.	Bruchdeh-nung in % (lo=3do)	Bruchein-schnürung in %	HV 30 ₂ in kg/mm	Probenform
32a		650	25,2	3435	19,0	23,0	185	zylindrisch
			20,0	5489	37,0	52,0	188	
			16,0	9796ˣ				
		700	20,3	305	34,7	56,0	180	zylindrisch
			~~,3	531	28,6	53,0	173	
			~~,9	4476	48,0	71,0	169	
			7,3	15132ˣ				
132a		700	26,4	150	14,2	35,0		
			20,4	650	13,1	23,0		
			11,9	3993	18,2	40,0	200	zylindrisch
			11,9	4321	16,2	30,0	211	
			9,3	6527	10,6	31,0	208	
132b		700	26,5	84	24,5	46,0		
			26,5	194	9,0	20,0	211	
			20,3	310	15,4	35,0		zylindrisch
			11,9	3740	9,3	23,0	203	
			9,3	5657		28,0	214	
			7,3	13359	11,4	30,0	198	
			5,6	17502	23,1	36,0	197	
			4,0	23481ˣ				
132c		650	25,0	5913	20,0	37,0	214	zylindrisch
			20,0	14268	24,0	52,0	224	
			16,1	15749ˣ				
		650	19,9	14904			214	
			15,9	15414			222	gekerbt
			12,4	16037ˣ				
34a		700	26,5	87	20,1	23,0		
			26,4	74	41,4	52,0	258	
			20,3	869	41,3	67,0		zylindrisch
			20,3	365	39,7	67,0	277	
			15,5	4880	46,7	49,0	256	
			11,9	19254	38,1	57,0	252	
			9,3	27650ˣ				
134a		700	26,5	238	25,2	46,0	248	
			20,3	1852	32,9	52,0		
			20,3	1776	20,1	42,0	276	zylindrisch
			15,5	6058	26,7	37,0	259	
			11,9	25899	14,3	23,0	262	
			9,3	25461	9,3	16,0	259	

Blatt 16

Forschungsberichte des Wirtschafts- und Verkehrsministeriums Nordrhein-Westfalen

Blatt 17

Lfd.Nr.	Werkstoff	Versuchs-temperatur in °C	Zugbean-spruchung in kg/mm²	Bruchzeit in Std.	Bruchdeh-nung in % (lo=3do)	Bruchein-schnürung in %	HV 30 in kg/mm²	Probenform
70a		600	32,7	1500	28,0	31,0	229	zylindrisch
			25,9	23316	61,7	65,8	257	
			20,8	48900^x				
		650	25,4	2492	49,0	58,0	251	zylindrisch
			20,1	7967	79,0	72,0	251	
			16,0	17646^x				
		700	16,0	3569	95,0	77,0	254	zylindrisch
			15,1	5762	75,0	71,5	246	
		600	31,5	4730			232	gekerbt
			20,0	48900^x				
70b		550	38,8	15270	26,1	25,0	238	zylindrisch
			30,8	41900^x				
		600	31,3	6392	13,6	13,3	217	zylindrisch
			20,0	18000^x				
		650	31,3	473	23,0	27,0	214	zylindrisch
			25,1	2192	31,0	34,0	236	
			20,0	9230	67,0	68,0	251	
			16,0	24618	58,0	65,0	251	
			12,5	35872^x				
		650	19,7	20331			274	gekerbt
			15,8	30341^x				
70c		700	26,5	333	47,2	62,0	226	zylindrisch
			20,2	2812	61,1	69,0	240	
			20,3	3074	46,7	70,0	241	
			15,5	12131	47,1	74,0	251	
			11,9	26450^x				
		700	20,2	7450^x				gekerbt
70d		600	40,2	517	21,8	22,2	226	zylindrisch
			38,8	92	30,6	34,9	251	
			31,5	6205	25,8	20,3	256	
			24,9	25800^x				
70e		650	20,1	12887	38,0	55,0	265	zylindrisch
			16,0	21326^x				
71a		700	26,6	2527	21,1	47,0	316	zylindrisch
			20,6	22687	5,5	15,0	322	
			20,3	15896	4,6	10,0		
			15,5	22750^x				
		700	20,2	7450^x				gekerbt

Forschungsberichte des Wirtschafts- und Verkehrsministeriums Nordrhein-Westfalen

Blatt 18

Lfd.Nr.	Werkstoff	Versuchs-temperatur in °C	Zugbean-spruchung in kg/mm²	Bruchzeit in Std.	Bruchdeh-nung in % (lo=3do)	Bruchein-schnürung in %	HV 30 2 in kg/mm	Probenform
170a		650	39,8	7	17,0	30,4	190	zylindrisch
			31,9	221	10,1	14,0	221	
88a		600	32,4	4205	2,7	0,5	339	zylindrisch
			25,9	13702	2,3	1,7	341	
			20,7	8161	2,4	0	336	
			12,9	2931	3,1	2,2	328	
			10,3	47500^x				
		700	15,0	591	0,6	0,5	299	zylindrisch
		600	25,8	2600			336	gekerbt
			10,0	47500^x				
		700	14,6	2922			286	gekerbt
88b		650	25,1	1336	1,4	0,3	348	zylindrisch
			19,8	1372	0,6	0	388	
			16,0	1908	3,1	3,4	371	
			12,5	14470	2,6	0	301	
			10,0	27952^x				
		700	26,5	135	2,6	4,0	297	zylindrisch
			18,4	657	1,7	2,0	318	
			11,9	3212	1,7	0	294	
			9,3	4298	0,8	0	297	
			7,3	11359	1,0	1,0	303	
		650	19,9	1242			348	gekerbt
			16,0	5201			330	
			12,4	9833			330	
			10,0	17680			330	
89a		600	50,7	342	5,7	6,4	287	zylindrisch
			41,2	6946	2,7	0	321	
			25,9	47200^x				
		700	20,3	4075	3,8	5,0	320	zylindrisch
			20,3	2209	4,2	5,0	319	
			15,5	14591	5,1	7,0	322	
			15,1	28324	3,0		353	
			9,3	10700^x				
		600	25,1	8291			301	gekerbt
			10,0	50200^x				
		700	14,5	28426			344	gekerbt

Forschungsberichte des Wirtschafts- und Verkehrsministeriums Nordrhein-Westfalen

Blatt 19

Lfd.Nr.	Werkstoff	Versuchs-temperatur in °C	Zugbean-spruchung in kg/mm²	Bruchzeit in Std.	Bruchdeh-nung in % (lo=3do)	Bruchein-schnürung in %	HV 30 in kg/mm²	Probenform
89b		650	39,8	3075	2,4	3,6	366	zylindrisch
			31,8	4297	1,4	2,1	348	
			25,2	21287	0,6	1,9	385	
			19,9	23581^x				
		700	26,6	1038	2,8	2,0	323	zylindrisch
			20,2	4210	1,7	2,0	314	
			20,3	4143	1,4	2,0	351	
			15,5	13089	1,7	2,0	360	
			11,9	26450^x				
		700	20,2	5196			352	gekerbt
			15,5	6350^x				
90b		650	39,9	5386	3,3	4,7	373	zylindrisch
			31,3	13554	1,1	0	429	
			25,1	21201^x				
		650	40,0	110			344	gekerbt
			29,9	2620			298	
90c		700	26,6	4572	3,8	4,0	379	zylindrisch
			20,3	16953	3,2	3,0	388	
			15,5	15530^x				
		700	20,2	7450^x				gekerbt

x   Versuch läuft noch
Ü   Bruch im Übergang Schweißnaht - Grundwerkstoff
G   Bruch im Grundwerkstoff
S   Bruch in der Schweiße

Wenn nicht besonders gekennzeichnet, handelt es sich bei der Bruchdehnung um $l_o = d_3$

HEFT 35
Professor Dr. W. Kast, Krefeld
Feinstrukturuntersuchungen an künstlichen Zellulosefasern verschiedener Herstellungsverfahren. Teil I: Der Orientierungszustand
1953, 74 Seiten, 30 Abb., 7 Tabellen, DM 13,80

HEFT 36
Forschungsinstitut der feuerfesten Industrie, Bonn
Untersuchungen über die Trocknung von Rohton
Untersuchungen über die chemische Reinigung von Silika- und Schamotte-Rohstoffen mit chlorhaltigen Gasen
1953, 60 Seiten, 5 Abb., 5 Tabellen, DM 11,—

HEFT 37
Forschungsinstitut der feuerfesten Industrie, Bonn
Untersuchungen über den Einfluß der Probenvorbereitung auf die Kaltdruckfestigkeit feuerfester Steine
1953, 40 Seiten, 2 Abb., 5 Tabellen, DM 7,80

HEFT 38
Forschungsstelle für Acetylen, Dortmund
Untersuchungen über die Trocknung von Acetylen zur Herstellung von Dissousgas
1953, 36 Seiten, 11 Abb., 3 Tabellen, DM 6,80

HEFT 39
Forschungsgesellschaft Blechverarbeitung e. V., Düsseldorf
Untersuchungen an prägegemusterten und vorgelochten Blechen
1953, 46 Seiten, 34 Abb., DM 9,50

HEFT 40
Landesgeologe Dr.-Ing. W. Wolff, Amt für Bodenforschung, Krefeld
Untersuchungen über die Anwendbarkeit geophysikalischer Verfahren zur Untersuchung von Spateisengängen im Siegerland
1953, 46 Seiten, 8 Abb., DM 8,80

HEFT 41
Techn.-Wissenschaftl. Büro für die Bastfaserindustrie, Bielefeld
Untersuchungsarbeiten zur Verbesserung des Leinenwebstuhles II
1953, 40 Seiten, 4 Abb., 5 Tabellen, DM 7,80

HEFT 42
Professor Dr. B. Helferich, Bonn
Untersuchungen über Wirkstoffe — Fermente — in der Kartoffel und die Möglichkeit ihrer Verwendung
1953, 58 Seiten, 9 Abb., DM 11,—

HEFT 43
Forschungsgesellschaft Blechverarbeitung e. V., Düsseldorf
Forschungsergebnisse über das Beizen von Blechen
1953, 48 Seiten, 38 Abb., 2 Tabellen, DM 11,30

HEFT 44
Arbeitsgemeinschaft für praktische Dehnungsmessung, Düsseldorf
Eigenschaften und Anwendungen von Dehnungsmeßstreifen
1953, 68 Seiten, 43 Abb., 2 Tabellen, DM 13,70

HEFT 45
Losenhausenwerk Düsseldorfer Maschinenbau AG., Düsseldorf
Untersuchungen von störenden Einflüssen auf die Lastgrenzenanzeige von Dauerschwingprüfmaschinen
1953, 36 Seiten, 11 Abb., 3 Tabellen, DM 7,25

HEFT 46
Prof. Dr. W. Fuchs, Aachen
Untersuchungen über die Aufbereitung von Wasser für die Dampferzeugung in Benson-Kesseln
1953, 58 Seiten, 18 Abb., 9 Tabellen, DM 11,20

HEFT 47
Prof. Dr.-Ing. K. Krekeler, Aachen
Versuche über die Anwendung der induktiven Erwärmung zum Sintern von hochschmelzenden Metallen sowie zur Anlegierung und Vergütung von aufgespritzten Metallschichten mit dem Grundwerkstoff
1954, 66 Seiten, 39 Abb., DM 13,90

HEFT 48
Max-Planck-Institut für Eisenforschung, Düsseldorf
Spektrochemische Analyse der Gefügebestandteile in Stählen nach ihrer Isolierung
1953, 38 Seiten, 8 Abb., 5 Tabellen, DM 7,80

HEFT 49
Max-Planck-Institut für Eisenforschung, Düsseldorf
Untersuchungen über Ablauf der Desoxydation und die Bildung von Einschlüssen in Stählen
1953, 52 Seiten, 19 Abb., 3 Tabellen, DM 12,40

HEFT 50
Max-Planck-Institut für Eisenforschung, Düsseldorf
Flammenspektralanalytische Untersuchung der Ferritzusammensetzung in Stählen
1953, 44 Seiten, 15 Abb., 4 Tabellen, DM 8,60

HEFT 51
Verein zur Förderung von Forschungs- und Entwicklungsarbeiten in der Werkzeugindustrie e. V., Remscheid
Untersuchungen an Kreissägeblättern für Holz, Fehler- und Spannungsprüfverfahren
1953, 50 Seiten, 23 Abb., DM 10,—

HEFT 52
Forschungsstelle für Acetylen, Dortmund
Untersuchungen über den Umsatz bei der explosiblen Zersetzung von Azetylen
a) Zersetzung von gasförmigem Azetylen
b) Zersetzung von an Silikagel absorbiertem Azetylen
1954, 48 Seiten, 8 Abb., 10 Tabellen, DM 9,25

HEFT 53
Professor Dr.-Ing. H. Opitz, Aachen
Reibwert und Verschleißmessungen an Kunststoffgleitführungen für Werkzeugmaschinen
1954, 38 Seiten, 18 Abb., DM 8,20

HEFT 54
Professor Dr.-Ing. F. A. F. Schmidt, Aachen
Schaffung von Grundlagen für die Erhöhung der spez. Leistung und Herabsetzung des spez. Brennstoffverbrauches bei Ottomotoren mit Teilbericht über Arbeiten an einem neuen Einspritzverfahren
1954, 34 Seiten, 15 Abb., DM 7,40

HEFT 55
Forschungsgesellschaft Blechverarbeitung e. V., Düsseldorf
Chemisches Glänzen von Messing und Neusilber
1954, 50 Seiten, 21 Abb., 1 Tabelle, DM 10,20

HEFT 56
Forschungsgesellschaft Blechverarbeitung e. V., Düsseldorf
Untersuchungen über einige Probleme der Behandlung von Blechoberflächen
1954, 52 Seiten, 42 Abb., DM 11,20

HEFT 57
Prof. Dr.-Ing. F. A. F. Schmidt, Aachen
Untersuchungen zur Erforschung des Einflusses des chemischen Aufbaues des Kraftstoffes auf sein Verhalten im Motor und in Brennkammern von Gasturbinen
1954, 70 Seiten, 32 Abb., DM 14,60

HEFT 58
Gesellschaft für Kohlentechnik mbH., Dortmund
Herstellung und Untersuchung von Steinkohlenschwelteer
1954, 74 Seiten, 9 Abb., 9 Tabellen, DM 13,75

HEFT 59
Forschungsinstitut der Feuerfest-Industrie e. V., Bonn
Ein Schnellanalysenverfahren zur Bestimmung von Aluminiumoxyd, Eisenoxyd und Titanoxyd in feuerfestem Material mittels organischer Farbreagenzien auf photometrischem Wege
Untersuchungen des Alkali-Gehaltes feuerfester Stoffe mit dem Flammenphotometer nach Riehm-Lange
1954, 62 Seiten, 12 Abb., 3 Tabellen, DM 11,60

HEFT 60
Forschungsgesellschaft Blechverarbeitung e. V., Düsseldorf
Untersuchungen über das Spritzlackieren im elektrostatischen Hochspannungsfeld
1954, 82 Seiten, 53 Abb., 7 Tabellen, DM 17,—

HEFT 61
Verein zur Förderung von Forschungs- und Entwicklungsarbeiten in der Werkzeugindustrie e. V., Remscheid
Schwingungs- und Arbeitsverhalten von Kreissägeblättern für Holz
1954, 54 Seiten, 31 Abb., DM 11,40

HEFT 62
Professor Dr. W. Franz, Institut für theoretische Physik der Universität Münster
Berechnung des elektrischen Durchschlags durch feste und flüssige Isolatoren
1954, 36 Seiten, DM 7,—

HEFT 63
Textilforschungsanstalt Krefeld
Neue Methoden zur Untersuchung der Wirkungsweise von Textilhilfsmitteln
Untersuchungen über Schlichtungs- und Entschlichtungsvorgänge
1954, 34 Seiten, 1 Abb., 5 Tabellen, DM 6,80

HEFT 64
Textilforschungsanstalt Krefeld
Die Kettenlängenverteilung von hochpolymeren Faserstoffen
Über die fraktionierte Fällung von Polyamiden
1954, 44 Seiten, 13 Abb., DM 8,60

HEFT 65
Fachverband Schneidwarenindustrie, Solingen
Untersuchungen über das elektrolytische Polieren von Tafelmesserklingen aus rostfreiem Stahl
1954, 90 Seiten, 38 Abb., 9 Tabellen, DM 17,35

HEFT 66
Dr.-Ing. P. Füsgen VDI †, Düsseldorf
Untersuchungen über das Auftreten des Ratterns bei selbsthemmenden Schneckengetrieben und seine Verhütung
1954, 32 Seiten, 5 Abb., DM 6,60

HEFT 67
Heinrich Wösthoff o. H. G., Apparatebau, Bochum
Entwicklung einer chemisch-physikalischen Apparatur zur Bestimmung kleinster Kohlenoxyd-Konzentrationen
1954, 94 Seiten, 48 Abb., 2 Tabellen, DM 18,25

HEFT 68
Kohlenstoffbiologische Forschungsstation e. V., Essen
Algengroßkulturen im Sommer 1952
II. Über die unsterile Großkultur von Scenedesmus obliquus
1954, 62 Seiten, 3 Abb., 29 Tabellen, DM 11,40

HEFT 69
Wäschereiforschung Krefeld
Bestimmung des Faserabbaues bei Leinen unter besonderer Berücksichtigung der Leinengarnbleiche
1954, 48 Seiten, 15 Abb., 3 Tabellen, DM 9,60

HEFT 70
Wäschereiforschung Krefeld
Trocknen von Wäschestoffen
1954, 52 Seiten, 18 Abb., 3 Tabellen, DM 10,—

HEFT 71
Prof. Dr.-Ing. K. Leist, Aachen
Kleingasturbinen, insbesondere zum Fahrzeugantrieb
1954, 114 Seiten, 85 Abb., DM 22,—

HEFT 72
Prof. Dr.-Ing. K. Leist, Aachen
Beitrag zur Untersuchung von stehenden geraden Turbinengittern mit Hilfe von Druckverteilungsmessungen
1954, 152 Seiten, 111 Abb., DM 36,20

HEFT 73
Prof. Dr.-Ing. K. Leist, Aachen
Spannungsoptische Untersuchungen von Turbinenschaufelfüßen
1954, 66 Seiten, 46 Abb., 2 Tabellen, DM 14,60

HEFT 74
Max-Planck-Institut für Eisenforschung, Düsseldorf
Versuche zur Klärung des Umwandlungsverhaltens eines sonderkarbidbildenden Chromstahls
1954, 58 Seiten, 10 Abb., DM 14,—

HEFT 75
Max-Planck-Institut für Eisenforschung, Düsseldorf
Zeit-Temperatur-Umwandlungs-Schaubilder als Grundlage der Wärmebehandlung der Stähle
1954, 44 Seiten, 13 Abb., DM 8,70

HEFT 76
Max-Planck-Institut für Arbeitsphysiologie, Dortmund
Arbeitstechnische und arbeitsphysiologische Rationalisierung von Mauersteinen
1954, 52 Seiten, 12 Abb., 3 Tabellen, DM 10,20

HEFT 77
Meteor Apparatebau Paul Schmeck GmbH., Siegen
Entwicklung von Leuchtstoffröhren hoher Leistung
1954, 46 Seiten, 12 Abb., 2 Tabellen, DM 9,15

HEFT 78
Forschungsstelle für Acetylen, Dortmund
Über die Zustandsgleichung des gasförmigen Acetylens und das Gleichgewicht Acetylen — Aceton
1954, 42 Seiten, 3 Abb., 8 Tabellen, DM 8,—

HEFT 79
Techn.-Wissenschaftl. Büro für die Bastfaserindustrie, Bielefeld
Trocknung von Leinengarnen III
Spinnspulen- und Spinnkopstrocknung
Vorgang und Einwirkung auf die Garnqualität
1954, 74 Seiten, 18 Abb., 10 Tabellen, DM 14,—

WESTDEUTSCHER VERLAG · KÖLN UND OPLADEN

HEFT 219
Prof. Dr. W. Fuchs, Aachen
Untersuchungen zur Holzabfallverwertung und zur Chemie des Lignins
1955, 54 Seiten, 11 Abb., 15 Tabellen DM 11,40

HEFT 220
Prof. Dr. W. Fuchs, Aachen
Die Entwicklung neuer Regel- und Kontroll-Apparate zur coulometrischen Analyse
1956, 76 Seiten, 17 Abb. 23 Tabellen, DM 15,50

HEFT 221
Dr. W. Meyer-Eppler, Bonn
Experimentelle Untersuchungen zum Mechanismus von Stimme und Gehör in der lautsprachlichen Kommunikation
1955, 56 Seiten, 24 Abb., DM 13,45

HEFT 222
Dr. L. Köllner, Münster, und Dipl.-Volkswirt M. Kaiser, Bochum
Die internationale Wettbewerbsfähigkeit der westdeutschen Wollindustrie
1956, 214 Seiten, DM 39,50

HEFT 223
Dr.-Ing. K. Alberti und Dr. F. Schwarz, Köln
Über das Problem Hartbrand-Weichbrand
1956, 54 Seiten, 25 Abb., 14 Tabellen, DM 12,10

HEFT 224
Dipl.-Ing. H. Stüdemann und Ing. R. Beu, Solingen
Verfahren zur Prüfung der Korrosionsbeständigkeit von Messerklingen aus rostfreiem Stahl
1956, 82 Seiten, 28 Abb., DM 16,90

HEFT 225
Dr.-Ing. E. Barz, Remscheid
Der Spannungszustand von Gattersägeblättern
1956, 74 Seiten, 54 Abb., DM 16,50

HEFT 226
Technisch-wissenschaftliches Büro für die Bastfaserindustrie, Bielefeld
Untersuchungen zur Verbesserung des Leinenwebstuhles IV
Die Wirkung verschiedener Kettbaumbremsen auf die Verwebung von Leinengarnen
1956, 64 Seiten, 9 Abb., 4 Tabellen, DM 13,50

HEFT 227
Prof. Dr. F. Wever, Düsseldorf und Dr. W. Wepner, Köln
Untersuchung der Alterungsneigung von weichen unlegierten Stählen durch Härteprüfung bei Temperaturen bis 300 Grad C
1956, 34 Seiten, 20 Abb., 3 Tabellen, DM 7,95

HEFT 228
Prof. Dr. F. Wever, Dr. W. Koch, Düsseldorf, und Dr. B. A. Steinkopf, Dortmund
Spektrochemische Grundlagen der Analyse von Gemischen aus Kohlenmonoxyd, Wasserstoff und Stickstoff
1956, 42 Seiten, 18 Abb., 1 Tabelle, DM 9,90

HEFT 229
Prof. Dr. F. Wever, Dr. W. Koch und Dr.-Ing. H. Malissa, Düsseldorf
Über die Anwendung disubstituierter Dithiocarbamate der analytischen Chemie
1956, 44 Seiten, 30 Abb., 5 Tabellen, DM 10,50

HEFT 230
Prof. Dr. F. Wever, Düsseldorf, und Dr. W. Wepner, Köln
Bestimmung kleiner Kohlenstoffgehalte im Alpha-Eisen durch Dämpfungsmessung
1956, 34 Seiten, 5 Abb., 2 Tabellen, DM 7,70

HEFT 231
Dr.-Ing. W. Küch, Dortmund
Über die Wechselwirkung zwischen Holzschutzbehandlung und Verleimung
1956, 48 Seiten, 10 Abb., 8 Tabellen, DM 10,40

HEFT 232
Prof. Dr.-Ing. O. Kienzle, Hannover, und Dr.-Ing. H. Münnich, Schweinfurt
Feststellung der Spannungen und Dehnungen und Bruchdrehzahlen der unter Fliehkraft und Bearbeitungskraft beanspruchten Schleifkörper
in Vorbereitung

HEFT 233
Dr. H. Haase, Hamburg
Infrarot-Bibliographie *1956, 90 Seiten, DM 17,80*

HEFT 234
Dr.-Ing. K. G. Speith und Dr.-Ing. A. Bungeroth, Duisburg
Versuche zur Steigerung des Kokillen-Schluckvermögens beim Stranggießen von Stahl
1956, 26 Seiten, 5 Abb., DM 6,15

HEFT 235
Prof. Dr.-Ing. K. Leist und Dipl.-Ing. W. Dettmering, Aachen
Turbinenschaufeln aus Kunststoff für Kaltluftversuchsanlagen
1956, 46 Seiten, 43 Abb., 3 Tabellen, DM 12,30

HEFT 236
Dr.-Ing. O. Viertel und S. Lucas, Krefeld
Ergebnisse einer Hausfrauenbefragung über Wascheinrichtungen und Waschmethoden in städtischen Haushaltungen
1956, 34 Seiten, 4 Abb., DM 7,60

HEFT 237
Dr. P. Endler und Dr. H. Ludes, Köln
Bericht über eine Studienreise zur Orientierung der heutigen Behandlung der Lungentuberkulose in den Vereinigten Staaten von Nordamerika
1956, 32 Seiten, DM 7,10

HEFT 238
Institut für textile Meßtechnik, M.-Gladbach, e. V.
Untersuchungen der Verzugsvorgänge an den Streckwerken verschiedener Spinnereimaschinen. 3. Bericht: Theoretische Betrachtungen über den Einfluß schlagender Zylinder und Druckrollen
1956, 66 Seiten, 21 Abb., DM 14,10

HEFT 239
Prof. Dr.-Ing. K. Leist, Dipl.-Ing. H. Scheele, Aachen, und Dipl.-Ing. F. H. Flottmann, Herne
Versuche an einem neuartigen luftgekühlten Hochleistungs-Kolbenkompressor
1956, 72 Seiten, 19 Abb., 7 Tabellen, DM 14,40

HEFT 240
Prof. Dr.-Ing. K. Leist und Dipl.-Ing. H. Scheele, Aachen
Temperaturmessungen an einem einstufigen luftgekühlten 4-Zylinder-Kolbenkompressor mit Kühlgebläse
1956, 74 Seiten, 36 Abb., DM 14,80

HEFT 241
Prof. Dr.-Ing. K. Leist und Dipl.-Ing. M. Pötke, Aachen
Leistungsversuche an einem Kühlluftgebläse
1956, 60 Seiten, 13 Abb., DM 11,70

HEFT 242
Prof. Dr.-Ing. K. Leist und Dipl.-Ing. K. Graf, Aachen
Straßenfahrzeuge mit Gasturbinenantrieb
1956, 82 Seiten, 63 Abb., DM 17,20

HEFT 243
Prof. Dr.-Ing. K. Leist und Dipl.-Ing. S. Förster, Aachen
Die französische Kleingasturbine Artouste — 1. Teil
1956, 80 Seiten, 41 Abb., DM 15,85

HEFT 244
Prof. Dr. F. Wever, Dr. W. Koch und Dr. S. Eckhard, Düsseldorf
Erfahrungen mit der spektrochemischen Analyse von Gefügebestandteilen des Stahles
1956, 32 Seiten, 8 Abb., 2 Tabellen, DM 7,80

HEFT 245
Prof. Dr.-Ing. habil. K. Krekeler, Aachen
Das Verbinden von Metallen durch Kunstharzkleber. Teil I: Eigenschaften und Verwendung der Metallklebstoffe
1956, 48 Seiten, 8 Abb., DM 10,25

HEFT 246
Prof. Dr.-Ing. habil. K. Krekeler, Aachen
Das Verbinden von Metallen durch Kunstharzkleber. Teil II: Untersuchungen an geklebten Leichtmetall-Verbindungen
1956, 80 Seiten, 40 Abb., DM 17,50

HEFT 247
Dr. H. Söhngen, Darmstadt
Strömung vor einem Überschall-Laufrad
1956, 26 Seiten, 4 Abb., DM 7,60

HEFT 248
Rheinische Aktiengesellschaft für Braunkohlenbergbau und Brikettfabrikation, Köln
Untersuchung der Bindemitteleigenschaften von Braunkohlenfilteraschen
1956, 176 Seiten, 26 Abb., 30 Tabellen, DM 35,60

HEFT 249
Dr. M.-E. Meffert, Essen
Weitere Kulturversuche Scenedesmus obliquus
1956, 36 Seiten, 5 Abb., 10 Tabellen, DM 8,—

HEFT 250
Dr. F. Schwarz und Dr.-Ing. K. Alberti, Köln
Entwicklung von Untersuchungsverfahren zur Gütebeurteilung von Industriekalken
1956, 36 Seiten, 9 Abb., DM 16,50

HEFT 251
Prof. Dr. H. Bittel, Münster
Zur Statistik der ferromagnetischen Elementarvorgänge und ihren Einfluß auf das Barkhausenrauschen
1956, 52 Seiten, 14 Abb., DM 11,65

HEFT 252
Dipl.-Ing. H. Frings, Geilenkirchen
Die Wirkung abfallender Wetterführung auf Wettertemperatur, Grubengasgehalt und Staubbildung
1957, 126 Seiten, 23 Abb., 13 Falttafeln, 38 Tab., DM 35,70

HEFT 253
Dipl.-Ing. S. Schirmanski, Berghausen
Stand und Auswertung der Forschungsarbeiten über Temperatur- und Feuchtigkeitsgrenzen bei der bergmännischen Arbeit
1957, 80 Seiten, 24 Abb., 12 Tab., DM 17,10

HEFT 254
Prof. Dr. R. Danneel, Bonn
Quantitative Untersuchungen über die Entwicklung des Ehrlich-Ascitestumors bei Inzuchtmäusen
1956, 52 Seiten, 17 Tabellen, DM 11,75

HEFT 255
Ing. B. v. Schlippe, Bad Nauheim
Strömung von Flüssigkeiten mit temperaturabhängiger Zähigkeit (Kühlung von Öfen)
1956, 54 Seiten, 12 Abb., 4 Tabellen, DM 11,70

HEFT 256
Prof. Dr. C. Schmieden und Dipl.-Math. K. H. Müller, Darmstadt
Die Strömung einer Quellstrecke im Halbraum — eine strenge Lösung der Navier-Stokes-Gleichungen
1956, 40 Seiten, 9 Abb., DM 8,80

HEFT 257
Prof. Dr. G. Lehmann und Dr. J. Tamm, Dortmund
Die Beeinflussung vegetativer Funktionen des Menschen durch Geräusche
1956, 48 Seiten, 25 Abb., 3 Tabellen, DM 11,20

HEFT 258
Dr. H. Paul, Linz (Rhein), und Prof. Dr. O. Graf, Dortmund
Zur Frage der Unfälle im Bergbau
1956, 52 Seiten, 9 Abb., 22 Tabellen, DM 11,20

HEFT 259
Prof. D. W. Linke, Aachen
Strömungsvorgänge in künstlich belüfteten Räumen
1956, 52 Seiten, 37 Abb., 1 Tabelle, DM 11,80

HEFT 260
Prof. Dr. W. Kast, Freiburg (Br.), Prof. Dr. A. H. Stuart und Dipl.-Phys. H. G. Fendler, Hannover
Lichtzerstreuungsmessungen an Lösungen hochpolymerer Stoffe
1956, 70 Seiten, 25 Abb., 5 Tabellen, DM 15,60

HEFT 261
Prof. Dr. W. Kast, Freiburg (Br.)
Feinstruktur-Untersuchungen an künstlichen Zellulosefasern verschiedener Herstellungsverfahren. Teil II: Der Kristallisationszustand
1956, 80 Seiten, 27 Abb., 11 Tabellen, DM 17,20

HEFT 262
Dr.-Ing. W. Batel, Aachen
Untersuchungen zur Absiebung feuchter, feinkörniger Haufwerke und Schwingsieben
1956, 100 Seiten, 45 Abb., 5 Tabellen, DM 23,40

HEFT 263
Prof. Dr. H. Lange und Dipl.-Phys. R. Kohlhaas, Köln
Über die Wärmeleitfähigkeit von Stählen bei hohen Temperaturen: Teil I: Literaturbericht
1956, 48 Seiten, 26 Abb., 8 Tabellen, DM 10,70

HEFT 264
Prof. Dr. W. Weizel, Bonn
Durch schnelle Funkenzusammenbrüche ausgelöste Signale auf einer Leitung
1956, 26 Seiten, 4 Abb., 3 Tabellen, DM 6,10

HEFT 265
Prof. Dr. F. Micheel und Dr. R. Engel, Münster
Eine Apparatur zur elektrophoretischen Trennung von Stoffgemischen
1956, 38 Seiten, 21 Abb., DM 9,20

HEFT 266
Fliesen-Beratungsstelle Bad Godesberg-Mehlem
Güteeigenschaften keramischer Wand- und Bodenfliesen und deren Prüfmethoden
1956, 32 Seiten, DM 7,10

HEFT 267
Prof. Dr. W. Weizel und B. Brandts, Bonn
Zur Stabilität stromstarker Glimmentladungen
1956, 36 Seiten, 7 Abb., DM 8,40

WESTDEUTSCHER VERLAG · KÖLN UND OPLADEN

HEFT 409
Prof. Dr. phil. F. Wever, Dr. phil. W. Koch, Dr. rer. nat. Ch. Ilschner-Gensch und Dipl.-Phys. H. Rohde, Düsseldorf
Das Auftreten eines kubischen Nitrids in aluminiumlegierten Stählen
1957, 38 Seiten, 12 Abb., 3 Tabellen, DM 10,10

HEFT 410
Prof. Dr. phil. F. Wever, Prof. Dr. rer. techn. A. Kochendörfer, Dr. phil. nat. M. Hempel, Düsseldorf und Dipl.-Phys. E. Hillenhagen, Köln
Biegewechselversuche mit Flachproben aus Alpha-Eisen-Einkristallen zur Bestimmung der Wechselfestigkeit und der Gleitspuren
1957, 112 Seiten, 58 Abb., 3 Tabellen, DM 30,—

HEFT 411
Prof. Dr. W. Halbsguth und Dr. L. Sommer, Frankfurt/M.
Grundlegende Versuche zur Keimungsphysiologie von Pilzsporen
1957, 100 Seiten, 13 Abb., 32 Tabellen., DM 22,70

HEFT 412
Prof. Dr.-Ing. H. Opitz, Aachen
Kennwerte und Leistungsbedarf für Werkzeugmaschinengetriebe
1958, 72 Seiten, 35 Abb., DM 17,20

HEFT 413
Prof. Dr.-Ing. H. Opitz, Aachen
Richtwerte für das Fräsen von unlegierten und legierten Baustählen mit Hartmetall, Teil II
1957, 56 Seiten, 35 Abb., 4 Tabellen, DM 14,40

HEFT 414
Dr. med. H.-K. Parchwitz und Dr. med. C. Winkler, Bonn
Speicherung organischer Farbstoffe und künstlich radioaktiver Substanzen in Geschwülsten
1958, 46 Seiten, 14 Abb., DM 13,35

HEFT 415
Prof. Dr.-Ing. W. Paul, Dr. rer. nat. O. Osberghaus und Dipl.-Phys. E. Fischer, Bonn
Ein Ionenkäfig
1958, 56 Seiten, 18 Abb., DM 13,65

HEFT 416
Oberreg.-Gewerberat Dipl.-Ing. G. Steinicke, Hamburg
Die Wirkung von Lärm auf den Schlaf des Menschen
1957, 46 Seiten, 14 Abb., 8 Tab., DM 11,60

HEFT 417
Prof. Dr.-Ing. habil. E. Rößger, Berlin
I. Teil: Die Entwicklung des Weltluftverkehrs, Ergänzungsbericht 1954
II. Teil: Die zivile Luftfahrtpolitik der USA
1957, 230 Seiten, 6 Abb., 83 Tab., DM 48,—

HEFT 418
O. Gdaniec, Mülheim/Ruhr
Über die Randlochkarte als Hilfsmittel in der Dokumentation
1957, 44 Seiten, 15 Abb., 8 Tab., DM 10,10

HEFT 419
Dipl.-Ing. K. Brooks
Die Messungen der Reflexionseigenschaften künstlicher und natürlicher Materialien mit quasi-optischen Methoden bei Mikrowellen
1957, 78 Seiten, 52 Abb., DM 20,35

HEFT 420
Dipl.-Ing. M. Vogel, Oberpfaffenhofen
Das Spektralgebiet zwischen dem langwelligen Ultrarot und Mikrowellen
1957, 66 Seiten, 2 Abb., DM 13,50

HEFT 421
ORR Dipl.-Volkswirt Dr. H. Rogmann, Düsseldorf
Die Erforschung der Verkehrskonjunktur und der langzeitigen Dynamik in der Verkehrswirtschaft (Zusammenfassung der eingegangenen Stellungnahmen und Vorschläge)
1957, 168 Seiten, 3 Falttafeln, DM 26,60

HEFT 422
Prof. Dr.-Ing. K. Leist und Dipl.-Ing. W. Dettmering, Aachen
Prüfstände zur Messung der Druckverteilung an rotierenden Schaufeln
in Vorbereitung

HEFT 423
Prof. Dr.-Ing. K. Leist und Dr.-Ing. O. Thun, Aachen
Strömungsmessungen über Brennkammer-Wirkungsgrade
in Vorbereitung

HEFT 424
Prof. Dr.-Ing. K. Leist und Dipl.-Ing. I. Weber, Aachen
Spannungsoptische Untersuchungen von rotierenden Scheiben mit exzentrischen Bohrungen
1958, 74 Seiten, 80 Abb., 7 Tab., DM 22,65

HEFT 425
Dipl.-Ing. H. Lübke, Hamburg
Gasturbinen und Strahlantriebe für Hubschrauber
1958, 120 Seiten, 70 Abb., 9 Falttafeln, 1 Tab., DM 30,40

HEFT 426
Prof. Dr.-Ing. H. Opitz und Dipl.-Ing. W. Scholz, Aachen
Untersuchungen über den Räumvorgang
1957, 74 Seiten, 36 Abb., 7 Tab., DM 16,55

HEFT 427
Dr.-Ing. J. Endres, München
Kinematische Untersuchung eines Zweitakt-Hochleistungs-Dieseltriebwerks mit achsparallelen Zylindern und gegenläufigen Kolben
1958, 46 Seiten, 15 Abb., DM 11,55

HEFT 428
Dr.-Ing. J. Endres, München
Untersuchungen der Beschleunigungsverhältnisse eines Zweitakt-Hochleistungs-Dieseltriebwerks mit achsparallelen Zylindern und gegenläufigen Kolben
in Vorbereitung

HEFT 429
Prof. Dr. O. Kuhn, Köln
Selektive Wirkung verschiedener Stoffgruppen auf tierische Gewebe
1957, 54 Seiten, 32 Abb., DM 13,15

HEFT 430
Prof. Dr. G. Garbotz, Aachen und Dr.-Ing. G. Dress, Cadiz
Untersuchungen über das Kräftespiel an Flachbagger-Schneidwerkzeugen in Mittelsand und schwach bindigem, sandigem Schluff unter besonderer Berücksichtigung der Planierschilde und ebenen Schürfkübelschneiden
1958, 156 Seiten, 81 Abb., DM 37,50

HEFT 431
Prof. Dr.-Ing. H. Winterhager, Dr.-Ing. R. Kammel und Dipl.-Ing. W. Barthel, Aachen
Fortschritte auf dem Gebiet der Titanmetallurgie 1950—1955
1957, 160 Seiten, DM 34,50

HEFT 432
Dipl.-Phys. R. Werz, Bonn
Die Entwicklung einer Synchrozyklotron-Ionenquelle
1958, 122 Seiten, 90 Abb., 1 Tabelle, DM 30,30

HEFT 433
Dr.-Ing. G. Satlow, Aachen
Über einige physikalische und chemische Eigenschaften der Wolle von der gewaschenen Wolle bis zum Kammzug
1957, 72 Seiten, 15 Abb., 19 Tab., DM 15,25

HEFT 434
Dipl.-Ing. W. Rohs und Dr. J. Geurten, Bielefeld
Schlichten für Baumwollgarne
1957, 108 Seiten, 3 Abb., zahlreiche Tab., DM 23,70

HEFT 435
Dipl.-Ing. W. Rohs und Dipl.-Ing. L. Steinmetz, Bielefeld
Die Masseungleichmäßigkeit von Flachstreckenbändern in Abhängigkeit von Verzug und Dopplung
1957, 42 Seiten, 4 Abb., 2 Tabellen, DM 9,90

HEFT 436
Priv.-Doz. Dr. habil. J. Juilfs, Krefeld
Zur Bestimmung der Reißlast (Zugfestigkeit) von Fasern, Fäden und Garnen
in Vorbereitung

HEFT 437
Prof. Dr. G. Schmölders und Dr. I. Meyer, Köln
Geldwertbewußtsein und Münzpolitik. — Das sogenannte Gresham'sche Gesetz im Lichte der ökonomischen Verhaltensforschung
1957, 92 Seiten, DM 20,30

HEFT 438
Prof. Dr.-Ing. H. Winterhager und Dr.-Ing. L. Werner, Aachen
Bestimmung des elektrischen Leitvermögens geschmolzener Fluoride
1957, 52 Seiten, 18 Abb., 10 Tab., DM 11,90

HEFT 439
Prof. Dr. phil. H. Lange, Köln und Dr. rer. nat. R. Kohlhaas, Neuß/Rh.
Anwendung der thermomagnetischen Analyse zum Studium des Umwandlungsverhaltens von Eisenwerkstoffen im Temperaturbereich von −150°C bis +1500°C
1958, 108 Seiten, 72 Abb., 2 Tabellen, DM 27,10

HEFT 440
Dr.-Ing. H. Wolf, Aachen
Gekoppelte Hochfrequenzleitungen als Richtkoppler
1958, 122 Seiten, 44 Abb., DM 31,60

HEFT 441
Dr. phil. habil. P. Hölemann und Ing. R. Hasselmann, Düsseldorf
Messung des Temperatur- und Druckverlaufes beim Füllen und Entspannen von Dissousgas
1957, 52 Seiten, 6 Abb., 7 Tab., DM 11,25

HEFT 442
Dipl.-Ing. W. Rohs, Text.-Ing. Griese und Text.-Ing. W. Lauer, Bielefeld
Die Auswirkungen der Trocknungsart naßgesponnener Leinengarne auf deren Verarbeitungswirkungsgrad sowie auf die Festigkeits- und Dehnungseigenschaften der Garne und Gewebe
1957, 28 Seiten, 2 Abb., 3 Tab., DM 6,50

HEFT 443
Prof. Dr. phil. W. Weizel und K. Kluth, Bonn
Über die Struktur der positiven Gleitentladungen
1957, 44 Seiten, 30 Abb., DM 12,20

HEFT 444
Dr.-Ing. W. Wilhelm, Aachen
Einfluß der Saugrohrabmessung, der Einlaßsteuerlage und der Größe des Kurbelkastenvolumens auf den Ladungswechsel eines Einzylinder-Zweitakt-Dieselmotors
1958, 104 Seiten, 22 Abb., DM 22,40

HEFT 445
Dr.-Ing. E. Barz, Remscheid
Fertigungs- und Prüfverfahren für Feilen
vergriffen

HEFT 446
Dr. med. G. Schäfer
Glutationsstoffwechsel und Sauerstoffmangel
1957, 28 Seiten, 5 Tab., DM 6,40

HEFT 447
Prof. Dr.-Ing. F. Bollenrath, Aachen, Dr.-Ing. H. Füllenbach, Seesen/Harz und Dipl.-Ing. J. Schumacher, Neubeckum/Westf.
Entwicklung rationell arbeitender Spritzkabinen
1958, 56 Seiten, 26 Abb., DM 13,55

HEFT 448
Dr. med. C. Winkler, Bonn
Ein Koinzidenz-Szintillometer zum Zwecke der Schilddrüsenfunktionsdiagnostik und der Tumordiagnostik
1957, 32 Seiten, 12 Abb., DM 8,35

HEFT 449
Priv.-Doz. Oberbaurat Dr.-Ing. W. Meyer zur Capellen und Mitarbeiter, Aachen
Bewegungsverhältnisse an der geschränkten Schubkurbel
in Vorbereitung

HEFT 450
Prof. Dr.-Ing. W. Paul, Bonn, und Dipl.-Phys. H. P. Reinhard, M.-Gladbach
Das elektrische Massenfilter als Isotopentrenner
1958, 56 Seiten, 20 Abb., DM 13,50

HEFT 451
Prof. Dr. G. Schmölders, Köln
Rationalisierung und Steuersystem
1957, 78 Seiten, DM 17,15

HEFT 452
Prof. Dr. rer. nat. W. Weltzien und Dr. phil. K. Windeck, Krefeld
Veränderungen an Fasern bei der Bleiche mit Natriumchlorid und über einige Vergilbungserscheinungen
1957, 64 Seiten, 3 Abb., 13 Tabellen, DM 14,85

HEFT 453
Forschungsinstitut der Feuerfest-Industrie, Bonn
Die Arbeiten der technisch-wissenschaftlichen Kommission der PRE (Vereinigung der europäischen Feuerfest-Industrie)
1957, 62 Seiten, 9 Abb., 18 Tabellen, DM 14,75

HEFT 454
Dr.-Ing. W. Piepenburg, Dipl.-Ing. B. Bühling und Bauing. J. Behnke, Köln
Haftfestigkeit der Putzmörtel
1958, 128 Seiten, 6 Abb., 63 Tabellen, DM 28,30

WESTDEUTSCHER VERLAG · KÖLN UND OPLADEN

HEFT 599
Dr. phil. W. Koch und Dipl.-Phys. Dr. phil. H. Sundermann, Düsseldorf
Elektrochemische Grundlagen der Isolierung von Gefügebestandteilen in metallischen Werkstoffen
in Vorbereitung

HEFT 600
Dr. phil. W. Koch, Dr. phil. S. Eckhard und Dr. rer. nat. F. Stricker, Düsseldorf
Die lichtelektrische Spektralanalyse der Gase im Stahl
in Vorbereitung

HEFT 601
W. Barho und E. Stiller, Köln
Die Lage des Technisch-Wissenschaftlichen Nachwuchses und der Technisch-Wissenschaftlichen Hochschulen in der Bundesrepublik
in Vorbereitung

HEFT 602
H. von Stebut, Köln
Die Hochschulen in der Aufwärtsentwicklung Westdeutschlands
in Vorbereitung

HEFT 603
Prof. Dr.-Ing. L. Engel und Dr.-Ing. J. Foerster, Clausthal-Zellerfeld
Gummielastische Stoffe als Dämpfungselemente an schlagenden Werkzeugen
in Vorbereitung

HEFT 604
Dipl.-Ing. H. Gröttrup, Aachen
Studienanalyse halbautomatischer Dokumentationsselektoren
in Vorbereitung

HEFT 605
Ing. L. Bommes, M.-Gladbach
Bestimmung von Leistung und Wirkungsgrad eines Ventilators
in Vorbereitung

HEFT 606
Oberbaurat Prof. Dr.-Ing. W. Meyer zur Capellen, Aachen
Eine Getriebegruppe mit stationärem Geschwindigkeitsverlauf
in Vorbereitung

HEFT 607
Prof. Dr. rer. pol. H. Jecht, Münster
Die Wettbewerbslage der westdeutschen Juteindustrie
in Vorbereitung

HEFT 608
Prof. Dr. habil. W. Linke und Dipl.-Ing. W. Hufschmidt, Aachen
Wärmeübergang bei pulsierender Strömung
in Vorbereitung

HEFT 609
Technisch-Wissenschaftliches Büro für die Bastfaserindustrie, Bielefeld
Verteilung der Bastfasern im Verzugsfeld einer Nadelstabstrecke
1958, 56 Seiten, 10 Abb., 2 Tab., DM 13,45

HEFT 610
Prof. J. W. Korte, Dr.-Ing. P. A. Mäcke und Dipl.-Ing. R. Lapierre
Gestaltung von Straßenverkehrsanlagen
in Vorbereitung

HEFT 611
Dr. R. Schairer, Köln
Aufgaben der Talentförderung
in Vorbereitung

HEFT 612
Dr. H. Bauer, Köln
Der Betrieb als Bildungsfaktor
in Vorbereitung

HEFT 613
Prof. Dr. phil. habil. E. Graeser, Göttingen
Vergleichende Studien über die Art, die Bedeutung und den Erfolg der Ausbildung von Ingenieuren, Mathematikern und Naturwissenschaftlern in der sogenannten Deutschen Demokratischen Republik und in der Bundesrepublik
in Vorbereitung

HEFT 614
Prof. Dr. W. Weltzien, Krefeld
Die Textilforschungsanstalt Krefeld 1920—1958
Ein Bericht zur Einweihung ihres Neubaus Frankenring 2
1958, 100 Seiten, 16 Abb., 23,50

HEFT 615
Prof. Dr. W. Weizel und Duk Hyun Whang, Bonn
Stromverteilung auf der Kathode einer Glimmentladung in Spalten bei hohen Drucken und abseits stehender Anode
in Vorbereitung

HEFT 616
Prof. Dr. W. Weizel und W. Ohlendorf, Bonn
Die Glimmentladung in spaltartigen Entladungsräumen
in Vorbereitung

HEFT 617
Prof. Dipl.-Ing. W. Sturzel und Dr.-Ing. W. Graff, Duisburg
Systematische Untersuchungen von Kleinschiffsformen auf flachem Wasser im unter- und überkritischen Geschwindigkeitsbereich
in Vorbereitung

HEFT 618
Prof. Dipl.-Ing. W. Sturtzel, Dr.-Ing. W. Graff, Duisburg
Untersuchungen der in stehendem und strömendem Wasser festgestellten Änderungen des Schiffswiderstandes durch Druckmessungen
in Vorbereitung

HEFT 619
Prof. Dr. med. O. Graf, Dr. med. Dr. phil. J. Rutenfranz, Dortmund
Zur Frage der Belastung von Jugendlichen
in Vorbereitung

HEFT 620
Dr. rer. nat. D. Horstmann, Düsseldorf
Der Einfluß von Aluminium im Eisen- und im Zinkbad auf den Zinkangriff
in Vorbereitung

HEFT 621
Techn.-Wissensch. Büro für die Bastfaser-Industrie, Bielefeld
Untersuchungen zur Verbesserung des Leinenwebstuhles V
in Vorbereitung

HEFT 622
Prof. Dr. W. Franz, Münster
Theorie der Elektronenbeweglichkeit in Halbleitern
in Vorbereitung

HEFT 623
Dr. phil. C. A. Roos, Aachen
Berufseignung und Berufseinsatz, II. Teil
in Vorbereitung

HEFT 624
Prof. Dr. G. Schmölders, Köln
Progression und Regression
in Vorbereitung

HEFT 625
Prof. Dr.-Ing. habil. W. Petersen und Dr.-Ing. S. Wawroscheck, Aachen
Brikettierungsversuche zur Erzeugung von Möllerbriketts für die Schwelverhüttung
in Vorbereitung

HEFT 626
Deutsches Krankenhaus-Institut e.V., Düsseldorf
Arbeitsabläufe auf Krankenstationen
in Vorbereitung

HEFT 627
Prof. Dr. phil. H. Wurmbach, Bonn
Steuerung von Wachstum und Formbildung
in Vorbereitung

HEFT 628
Prof. Dr.-Ing. E. Siebel, Düsseldorf
Die Ermittlung der Fließkurven von Schraubenwerkstoffen
in Vorbereitung

WESTDEUTSCHER VERLAG · KÖLN UND OPLADEN

MIX
Papier aus verantwortungsvollen Quellen
Paper from responsible sources
FSC® C105338

If you have any concerns about our products,
you can contact us on
ProductSafety@springernature.com

In case Publisher is established outside the EU,
the EU authorized representative is:
**Springer Nature Customer Service Center GmbH
Europaplatz 3, 69115 Heidelberg, Germany**

Printed by Libri Plureos GmbH
in Hamburg, Germany